高管背景與
企業發展
金融化、創新性與經營績效

黎春 著

財經錢線

前言

1984年，漢姆布瑞克和曼森（Hambrick & Mason）提出了高階梯隊理論，該理論對於研究企業戰略行為具有里程碑的意義。高階梯隊理論指出企業所做出的戰略選擇與企業行為，除了受到外部環境與政策等因素的影響，更重要的因素是企業高層管理者（以下簡稱高管）。不同高管做出的戰略選擇以及對信息的解讀是有差異的，這些差異來自高管過去的經歷、價值觀、認知和個人特徵。自此，高階梯隊理論開啓了高管個人特質與企業戰略行為關係的研究視角。

本書在高階梯隊理論的指導下，深入探討了高管的各類特質對企業資源配置、創新行為與經營績效的影響，研究內容主要包括以下三個方面：

（1）基於企業要素密集度，研究高管的金融背景對企業金融化水準的影響。近30年來，全球經濟經歷了新自由主義、全球化以及金融化三次重大變革（戈拉德，2005）。金融化在全球經濟發展進程中發揮著越來越重要的作用，企業金融化正是金融化在微觀層面上的體現。過去很長一段時間，

中國金融行業存在較高的資本回報率，從而引發了「實體企業金融化」大量出現的現象。企業的利益需求催生了企業金融化，同時企業金融化程度又隨著企業各種內部資源、能力和外部市場機會的變化而動態變化。在此基礎上，高管是否具有金融專業背景和從業背景，對企業金融化程度具有明顯的影響。同時，企業金融化程度又會受到企業生產要素特徵的影響。因此，在企業生產要素密集度特徵的調節作用下，本書通過考察高管的金融背景對企業金融化水準的影響效應，論證了高管的金融背景對企業資源配置的影響。

（2）基於企業股權特徵，研究高管職業背景下的管理能力對企業技術創新的影響。隨著中國經濟進入「新常態」發展階段，經濟增速放緩，人口紅利逐漸消失，投資拉動進入瓶頸期，創新驅動被視為中國經濟增長轉型的核心動力。影響企業技術創新的因素有很多，作為管理層核心的首席執行官（CEO）則起到至關重要的作用，經理人的偏好、能力和決策會直接影響企業的戰略乃至命運（柯江林 等，2007）。一方面，CEO的管理能力綜合反應了其利用資本經營的能力、選人和用人的能力、計劃和控制的能力、識別機會和風險的能力、創新能力、處理不確定事項的能力等。但CEO的管理能力是一個寬泛且難以測量的指標，本書借鑑了庫斯托迪奧（Custodio，2013）的研究思路，認為CEO的管理能力可以通過其職業背景、從業經驗和地位來描述，在此基礎上構造了一個高管一般管理能力指數。另一方面，企業的內部

治理結構又對 CEO 的企業管理權具有制約與制衡的作用。因此，本書從企業的股權特徵出發，基於 CEO 的職業經歷，論證了 CEO 一般管理能力對企業技術創新的影響效應。

（3）基於管理層收購企業，考察高管的政治背景對企業經營績效的影響。目前有關兩者關係的研究，結論並不統一，有的認為高管的政治背景是企業的寶貴資源，對企業績效具有正向效應，能為企業帶來額外的利益（菲什曼，2001；阿迪卡里等，2006；昂等，2007；張川等，2012；約翰遜等，2016）。但也有研究認為高管的政治背景對企業績效具有負向效應（法恩等，2007；王慶文等，2008；杜興強等，2009）。這一結論的差異引發了我們對該問題的思考與探究。本書將研究樣本界定為管理層收購企業，對比考察擁有政治背景的高管當其只是作為管理者時，是否會對自身政治背景的利用有所保留，或有更多政治方面的考量，或受到更多的政府干預，從而對企業績效存在負向影響；而當高管不僅是管理者還是所有者時，是否會充分利用其政治背景，以獲取更多資源或政策傾斜，使得企業有更好的績效表現。

本書的研究與出版得到了西南財經大學統計學院的關懷與大力支持。在研究過程中，孫宏洋碩士、譚潔碩士、平志波碩士和劉晨陽碩士等也積極參與了部分研究工作。本書的出版同樣離不開西南財經大學出版社的支持與金欣蕾編輯的細緻工作。在此一併感謝！

本書的內容只是高管背景特徵與企業戰略行為研究的滄

海一粟，由於筆者能力與水準有限，本書不可避免地存在錯誤與遺漏，竭誠希望讀者朋友和相關專家學者批評指正，提出您的寶貴意見，以便我們進一步補充完善，取得更大的進步！

筆者

目錄

1 導論 / 1
    1.1 研究背景與研究意義 / 1
    1.2 研究思路與內容框架 / 3

一、理論篇

2 理論基礎 / 9
    2.1 高階梯隊理論 / 9
    2.2 委託代理理論 / 11
    2.3 社會資本理論 / 12
    2.4 人力資本理論 / 14
    2.5 高管特徵對企業影響的相關研究 / 15

3 高管金融背景與企業金融化的理論框架 / 24
    3.1 高管金融背景 / 24
    3.2 企業金融化 / 25
    3.3 要素密集度的行業劃分 / 29

3.4　理論分析與研究假設／31

4　高管管理能力與企業創新的理論框架／36

　　4.1　CEO 管理能力／36

　　4.2　企業創新／38

　　4.3　CEO 特徵與企業創新／43

　　4.4　企業股權特徵與企業創新／46

　　4.5　理論分析與研究假設／50

5　高管政治背景與企業績效的理論框架／57

　　5.1　高管政治背景／57

　　5.2　企業績效的測度／60

　　5.3　管理層收購／61

　　5.4　理論分析與研究假設／64

二、實證篇

6　研究設計／73

　　6.1　高管金融背景與企業金融化／73

　　6.2　高管管理能力與企業創新／78

　　6.3　高管政治背景與企業績效／84

7　基於要素密集度的高管金融背景與企業金融化／91

　　7.1　企業要素密集度的劃分／91

　　7.2　描述性統計／94

7.3　實證結果 / 98

8　基於股權特徵的CEO一般管理能力與企業創新 / 107

8.1　CEO一般管理能力指數的生成 / 107

8.2　描述性統計分析 / 109

8.3　相關性分析 / 110

8.4　迴歸結果分析 / 112

9　基於管理層收購的高管政治背景與企業績效 / 126

9.1　描述性統計分析 / 126

9.2　管理層收購、高管政治背景條件下企業績效的差異 / 129

9.3　迴歸分析 / 135

三、結論篇

10　結論與啟示 / 145

10.1　高管金融背景與企業金融化 / 145

10.2　CEO一般管理能力與企業創新 / 150

10.3　高管政治背景與企業績效 / 154

參考文獻 / 158

1 導論

1.1 研究背景與研究意義

1.1.1 研究背景

在眾多內部因素中，企業高層管理者（以下簡稱高管）已成為了解釋企業經濟活動異質表現的一個焦點。現代社會是知識經濟社會，高管是公司的核心靈魂，對於企業的長遠發展至關重要（李維安，2009）。一般理論認為，企業高管對企業運行過程中的重要影響主要體現在以下三個方面：第一，資源配置。高管會明確企業戰略目標，並為此目標整合資源、配置資源，然後隨環境變化而調整行動，為企業建立起有競爭優勢的價值鏈和業務體系。第二，戰略執行。這一點在微觀營運層次舉足輕重，直接影響到企業的營運流程與效率，進而影響到企業績效。第三，創新。高管對企業資源進行挖掘和整合，提高資源利用效率，將資源轉化為創新型產品或服務，進而提升企業績效（張祥建 等，2015）。

1984年，漢姆布瑞克（Hambrick）和曼森（Mason）提出

了對研究企業戰略管理具有里程碑意義的「高階梯隊理論」（Upper Echelons Theory），該理論認為企業所做出的戰略選擇和企業行為，除受到競爭環境、政策等影響外，另一個非常重要的因素是人，特別是企業高管；面臨相同的組織環境和戰略信息，不同高管所做出的戰略選擇以及對信息的解讀是有差異的，這些差異來自高管過去的經歷、價值觀、認知和個人特徵。漢姆布瑞克（Hambrick）和福克托馬（Fukutomi）在1991年提出：認識模式會框定人的視野範圍，決定人對於事物的注意力和敏感性，產生「選擇性知覺」；認識模式和價值觀會對接收到的信息進行過濾和處理，從而形成自己的解讀，並依此做出不同的決策。人口統計特徵可以作為這一過程的代理變量，決策者的個人特徵是其認識模式和價值觀的形成基礎。綜上，高階梯隊理論的基本思想可以概括為：企業的戰略選擇是掌握決策權的高層管理者的認知、價值觀等心理特徵的反應，而高層管理者的認知、價值觀等特徵又可以通過人口統計學特徵，諸如年齡、學歷、教育背景等予以反應。高階梯隊理論提出三十餘年來，不斷豐富充實，歷久彌新，已成為戰略管理領域最重要的理論之一，是研究高管個人特質與企業戰略和績效關係的理論基礎。

　　基於此，本書圍繞高管對企業的資源配置、技術創新與經營績效的影響展開研究，研究內容包括三個方面：①高管金融背景與企業金融化——基於企業要素密集度的異質性。②高管管理能力與企業技術創新——基於高管職業背景與企業股權特徵。③高管政治背景與企業經營績效——基於管理層收購。

1.1.2　研究意義

基於企業高管對於企業資源配置、企業技術創新與企業經營績效的重要性，本書以高階梯隊理論為整個研究的理論基礎，從高管的人口背景特徵出發，解釋企業在資源配置、技術創新與經營績效的異質性表現，有良好的學術價值：

第一，基於企業的要素密集度差異，本書實證研究了高管的金融背景對企業金融化水準的影響，深入探討了不同要素密集程度的企業，高管的金融背景對企業資源配置策略的影響。

第二，基於企業股權集中度、股權制衡度和股權性質特徵，本書以高管職業背景為基礎，構建了高層管理者一般管理能力指數，並以此實證研究了高管一般管理能力對企業創新的影響。

第三，通過引入管理層收購作為調節變量，本書實證研究了高管政治背景對企業經營績效的影響，並將企業經營績效區分為管理層收購前的短期績效、收購後的短期績效及收購後的長期績效，以此更深入、更可靠地分析高管政治背景對企業經營績效的影響。

本書的研究是對高階梯隊理論的進一步深入與驗證，對中國企業發展策略、人力資源建設與公司治理模式設計等方面都有良好的借鑑意義。

1.2　研究思路與內容框架

1.2.1　研究思路

本書的研究思路是基於高階梯隊理論及其他相關理論，遵

循高管對企業戰略選擇與績效影響的主要方面——資源配置、技術創新與經營績效，逐一展開相關研究。

首先，基於高管背景對企業資源配置影響的視角，本書重點研究了高管金融背景對企業金融化水準的影響，通過本部分的研究，揭示三個研究問題：①高管金融背景與企業金融化水準的關係是什麼；②在不同類型要素密集度的企業，其金融化水準是否會存在差異；③不同類型要素密集度的企業，高管金融背景對企業金融化水準影響是否存在差異。

其次，基於職業背景的高管管理能力對企業技術創新影響的視角，本書重點研究了經理人的一般管理能力對企業技術創新的作用機制。本書參考庫斯托迪奧（Custodio, 2013）的研究設計，從高管的職業背景出發，構造了高管一般管理能力指數（General Ability Index, GAI），以此用於測度高管的一般管理水準，探索高管管理能力對企業技術創新的影響。同時，結合公司治理理論，將企業股權特徵作為調節變量，探究在不同股權集中度、股權制衡度和股權性質的企業條件下，高管的一般管理能力對企業技術創新的影響差異。

最後，基於高管背景對企業經營績效影響的視角，本書重點研究了在管理層收購背景下，高管的政治背景對企業經營績效的影響效應。本部分的研究揭示三個問題：一是，不同類型的高管政治背景對管理層收購前後的經營績效是否會有不同影響；二是，不同類型的高管政治背景對管理層收購企業的長短期經營績效是否有不同影響；三是，高管的政治背景對管理層收購企業的長短期的績效差異是什麼。

綜上所述，本書的基本研究思路如圖1.1所示。

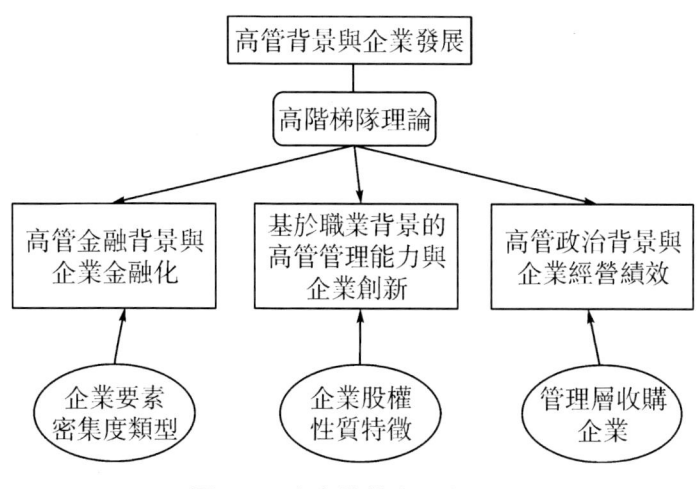

圖1.1　本書的基本研究思路

1.2.2　內容框架

依據本書「理論分析——實證研究」的研究思路，本書的內容結構分為三大部分：理論篇、實證篇和結論篇。

第一部分，理論篇。這一部分是全書研究內容的理論基礎與文獻回顧。本書以高階梯隊理論為基礎，輔之以委託代理理論、社會資本理論、人力資本理論、公司治理等相關理論，以此理論分析了企業高管的人口統計特徵對企業策略選擇與經營績效的影響效應。具體來說，這一部分將分別從三個角度進行理論研究鋪墊。第一，梳理歸納了全世界對企業金融化的界定、度量及其影響的相關研究，進而探討了在不同要素密集度下，高管的金融背景對企業金融化密集度的影響；第二，梳理了經理人的管理水準對企業技術創新影響的相關研究，並歸納了經理人管理技能的測度方法，在引入企業股權特徵的條件下，分析了經理人的一般管理能力對企業技術創新表現的影響機理；第三，梳理了高管政治背景的定義與相關研究，分析了高管政

治背景與企業經營績效的影響關係，進而提出了在管理層收購條件下，高管政治背景對企業治理結構的影響，以及對企業經營績效的調節作用。

　　第二部分，實證篇。這一部分是全書的實證研究部分。主要包括兩個方面的內容：一是針對上述三個研究主題，分別建立我們的研究設計，包括變量的選擇與定義、數據與樣本的採集、模型研究等；二是分別就三個研究內容，進行相關統計模型的建立，得到實證結果。

　　第三部分，結論篇。這一部分是全書的研究結論。在考慮不同環境條件約束下，本書通過考察企業高管的各種背景特徵，對企業金融化選擇、企業技術創新和企業經營績效的影響效應，得到相應的結論及啟示。

一、理論篇

2　理論基礎

2.1　高階梯隊理論

　　1984年，漢姆布瑞克（Hambrick）和曼森（Mason）提出了「高階梯隊理論」（Upper Echelons Theory），這一經典理論成為從企業高管視角研究企業異質性表現的理論基礎。高階梯隊理論認為，由於內外環境的複雜性，管理者不可能對其進行全面認識，即使在管理者視野範圍內的現象，管理者也只能進行選擇性觀察。這樣，管理者既有的認知結構和價值觀決定了其對相關信息的解釋力，即管理者特質影響著他們的戰略選擇，並進而影響企業的行為。因此，高層管理團隊的認知能力、感知能力和價值觀等心理結構決定了戰略決策過程和對應的績效結果。

　　由於高層管理團隊的心理結構難以度量，而高層管理團隊可客觀度量的人口背景特徵，諸如年齡、任期、職業、教育等特徵，均與管理者認知能力和價值觀緊密相關。因此，企業高管的個人特徵，尤其是其人口統計學特徵被廣泛關注。為什麼高管的人口統計學特徵會影響管理者的決策行為？對於此，我

們可以從「弱情境」概念入手。弱情境就是環境特點不明確，呈現高度複雜性和高度不確定性的情境（米歇爾，1977）。從現實世界來看，中國自改革開放以來，經濟體制逐步從「計劃」轉向「市場」，各經濟主體發展活躍，加入世界貿易組織（WTO）後，真正參與到全球化進程中，企業所處的外部環境不確定性增加且日益複雜；就企業戰略的制定和執行而言，環境中的信息巨量、複雜而且模糊，容易讓企業高管深陷信息的汪洋大海；技術創新活動本身具有高知識密度、高不確定性的特徵，而科技變革甚至革命的浪潮又日夜不停地從四面八方湧來，這使得技術創新活動的決策和管理都變得更為困難。因此，從企業外部環境，到企業戰略決策環境，再到企業技術創新環境，都在不同程度上屬於「弱情境」。

　　社會心理學家的研究發現，弱情境下人的決策更多地表現為非理性選擇（米歇爾，1977）。在弱情境下，環境不確定性大，很難做出決策，所以此時的決策基準往往不是環境的客觀屬性，而是決策者個人的認識與價值觀。參考漢姆布瑞克和福克托馬（Hambrick & Fukutomi，1991）的思路，認識模式會框定人的視野範圍，決定人對於事物的注意力和敏感性，產生「選擇性知覺」；認識模式和價值觀會對接收到的信息進行過濾和處理，形成自己的解讀，人依此做出決策。人口背景特徵可以作為社會過程的代理變量，決策者個人特徵的形成基礎是其認識模式和價值觀。因此也可以說，決策很大程度上取決於決策者的個人特質。進一步地，高管的決策和管理又會影響到企業的行為與產出，企業的各類經濟行為與產出在一定程度上能夠被高管個人特徵所解釋，這一點在目前的管理學、經濟學和金融學研究中已基本形成了共識（漢姆布瑞克 等，1984；伯特蘭 等，2003；亞當斯 等，2005）。

以上論證結果即為高階梯隊理論的基本思想：高管的背景特徵會影響高管對所面臨情形的理解，影響其決策，進而影響企業的戰略選擇和績效水準（漢姆布瑞克 等，1984；漢姆布瑞克，2007）。高階梯隊理論提出三十餘年來，不斷豐富充實，歷久彌新，已成為戰略管理領域最重要的理論之一，是研究高管個人特質與企業戰略管理和經營績效關係不能越過的里程碑。

2.2 委託代理理論

企業發展歷經三個主要階段，分別為業主制企業階段、合夥制企業階段、公司制企業階段。委託代理理論作為現代企業理論的一個部分，它的產生發展伴隨著企業發展的三個階段。第一個階段是業主制企業階段，此時企業經營者與所有人是一個人，信息完全對稱，不存在委託代理關係。第二個階段是合夥制企業階段，在這個階段，企業由幾個人共同建立、共同經營、共同收益、共擔風險，但是部分合夥人會由於職責原因，參與公司經營的程度受限，信息不完全對稱，開始出現委託代理問題。第三個階段是公司制企業階段，這個階段也是現在企業的基本形式，這個階段公司的所有權與經營權兩權分離。所有人也就是股東將公司經營權委託代理給企業CEO，由此產生典型的委託代理關係，信息出現不對稱，委託代理問題隨之產生。

委託代理關係的概念最早由羅斯提出，在委託代理關係中，一方利用自己的優勢讓另一方為自己服務，而另一方會利用自己的優勢創造價值，並且將創造的價值的一部分給服務者。代理人一方代表委託人，代為行使某些決策權，由於雙方利益不統一，信息不完全對稱，所以委託代理問題就隨之產生了。

當股權結構相對分散時，股東自身所占公司股份較少，能獲取的剩餘收益較少，而監督成本往往由個人承擔，因此股東往往缺乏監督和管理代理人的積極性，採取「搭便車」的行為，造成監督者的缺失，容易放任代理人在職消費等自利行為，從而導致公司績效水準降低。另外，分散的股權結構容易使股東之間不能達成一致有效的意見，從而降低企業經營決策效率。當股權結構相對集中時，持有股份較多的大股東能夠監督代理人的行為來收穫大部分的剩餘收益，這將充分調動大股東監督的積極性，使代理人的管理決策行為符合股東自身利益。與股權結構相對分散時相反，相對集中的股權結構容易使股東之間達成一致有效的意見，提高企業經營決策效率。但是通過股權的集中進而形成控制性股東，以保護他們私人利益的同時，容易產生第二類代理問題，即大股東與中小股東之間的代理問題。由於信息的不對稱，中小股東並不能有效地監督大股東，致使大股東在監督管理代理人的同時，謀求私利，甚至掏空企業資產，從而損害了中小股東的利益，不利於企業的健康發展。

　　總的來說，委託代理理論作為現代企業理論的重要組成部分，豐富了現代企業理論，它的產生和發展促進了企業管理機制的轉變和發展。

2.3　社會資本理論

　　社會資本的概念首先由社會學家布迪厄 1980 年在文章《社會資本隨筆》中提出，他認為社會資本是所有實際或潛在的資源集合。布迪厄在他的文章中還分析了社會資本的構成，他認為社會資本由兩部分組成。第一部分是社會關係本身，這個部

分是社會關係中的每個人都可以獲得該群體中的一些資源；第二部分是由每個社會成員在社交網絡中所處位置決定的，這就意味著每個人獲得的資源質量、數量不同。在布迪厄的概念中，社會資本是一種聯繫，由於這種聯繫，人們有社會義務，也擁有社會網絡所給予的資本。

在布迪厄之後，許多學者開始對社會資本進行研究，使社會資本理論得到了進一步的完善。格蘭諾維特認為，經濟生活並不是獨立存在的，是在社會網絡中嵌入的。在格蘭諾維特的研究基礎上，林南進一步提出，社會資本可以幫助個人獲得更多利益和滿足自身發展需求的資源。他認為社會成員在利用社會資本獲取資源時會受到三個因素的影響：第一個是異質性，指的是所有個體在社會網絡中獨一無二的特性；第二個是網絡成員的資源擁有量，指的是個體在社會網絡中的地位；第三個是關係連接強度，指的是個體與網絡成員聯繫的緊密程度。社會資本理論除了社會學來源以外，經濟學思想對其也起到了極大的推動作用。1977年，經濟學家勞里借鑑布迪厄關於社會資本的理論分析了經濟學的問題，並且得到了一定結論，但是勞里並沒有對社會資本理論進行系統描述。

勞里之後，另一位經濟學家科爾曼在勞里研究的基礎上，從社會資本與人力資本之間的關係出發，對社會資本進行了定義，他認為社會資本指的是一堆人為了共同的目的在集體或者組織中一起工作的能力，社會資本由個體所處環境形成，所以社會資本也必然存在於社會關係中。

就企業高管而言，其個人所佔有的社會資本能夠為企業帶來資源，高管作為外部環境與企業內部環境之間的連接點，他可以通過自身累積的人際關係網絡為企業發展帶來資源，讓企業更迅速地瞭解市場，有助於發現稀缺市場，轉化為產品和服務，推動企業創新。

2.4　人力資本理論

在社會資本理論中，人力資本也是社會資本的一種。對於人力資本的定義，最為人接受的是舒爾茨的定義，他認為人力資本可以通過教育訓練等途徑獲得，是凝聚在人身上的知識技能的總和，即人力資本是體現在人身上的具有經濟價值的知識、經驗、技能和健康程度等質量因素的總和。舒爾茨強調高質量的人力資本是經濟增長和社會發展的主要動力，認為人們後天獲得的教育、經驗、技能等是經濟進步的根本原因。

西方經濟學家將資本分為人力資本和物質資本，所以人力資本作為資本的一種，它也具有資本的重要特性之一——收益性。但是舒爾茨給出的人力資本定義並沒有表現出人力資本的收益性，他只指出了人力資本是一種資源，但未指出它是否能帶來收益，因此，舒爾茨對人力資本的定義更傾向於定義人力資源。後來，當李忠民分析人力資本時，他又增加了資本的特徵。他認為，人力資本是一種凝聚的內在資源，通過物化於商品或服務以增加效用。人力資本除了有與物質資本的資本特徵相同的收入特徵外，人力資本的資本特徵還有其自身的特點。在生產過程中，由於經濟累積等因素，物質資本將因折舊和耗減等因素而使自身價值貶值，人力資本將因經驗累積等因素而繼續增加庫存，從而增加價值。

事實上布迪厄和科爾曼提出的社會資本理論是人力資本理論的補充和深化，所以兩者總是被同時提及。人力資本理論其實研究的是單個的個體，忽略了群體人力資本的研究，而社會資本理論彌補了人力資本理論在這方面研究的不足。比起人力

资本理论总体上是对微观个体分析，社会资本理论更倾向于宏观分析，从群体人力资本的角度，研究什么样的社会组织结构、社会心理结构能够提高社会劳动生产率，促进社会经济增长，所以，社会资本理论是人力资本理论的进一步发展与延伸。

管理者人力资本不同於一般人力资本，是企业人力资本的最高形态，高质量的管理者人力资本必定给企业创造更多的价值。管理者人力资本是一种有形的高级生物资本，管理者管理技能和身心健康程度的提升都属於有形资本的增长。从人力资本的视角，企业管理者的资本特征包括管理者的各种人口统计学特征，诸如年龄、性别、教育程度、职业经历等外显性特征，同样也包括管理者自身的认知、价值观、信仰和理念等内隐性特征。

2.5 高管特征对企业影响的相关研究

张祥建（2015）认为经理人是企业战略行为的主导者，其掌控力是决定企业经营成败的关键因素，对企业的影响主要体现在三个方面：一是资源配置，经理人掌控力的核心功能是确定企业战略方向和目标、整合和配置各种资源；二是战略执行力，经理人掌控力体现为战略执行力和操盘运作能力，直接关系到企业的运作过程和效率，最终影响到企业绩效；三是创新能力，经理人掌控力影响著企业的价值创造能力，可以对资源进行创新性利用。围绕经理人对企业影响的这三个主要方面，目前已有大量研究聚焦於高管特征与企业发展领域，主要集中在企业战略行为、企业创新水準与企业绩效等方面。

2.5.1 高管特徵與企業戰略行為

就高管特徵與企業戰略行為的關係，研究者們廣泛關注到高管年齡、性別、教育背景、工作經歷等對企業戰略變化、企業投資行為與投資效率等方面能產生顯著影響。

班特爾（Bantel）等（1992）利用財富500強公司數據，證實了高管的認知觀念與公司的戰略變化傾向有關，結果顯示高管團隊的平均年齡越低、學歷背景越高及高管任期較長的企業發生戰略變化的可能性越高，反應了高管特徵的差異影響了個人認知觀念。威瑟姆（Wiersems）等（1992）、芬克爾斯坦（Finkelstein）等（1996）研究發現，高管的任職時間越長，辨別有效信息的效率越高，處理危機的能力越強。Hambrick等（1996）研究高管團隊異質性與企業競爭力的關係，認為有多元的教育背景和豐富的工作經歷的高管團隊能夠增強企業的競爭力。孫海法等（2006）研究發現任期越長的管理者之間也更相互信任、更有默契，其經驗也比任期短的管理者更豐富，而任期較短的管理者團隊可能會導致企業戰略決策的失誤。另有學者從性別的角度研究高管特徵與公司財務活動的關係，認為男性高管在公司重大決策中的表現比女性高管更加自信，收購和發行債券的行為比較頻繁。

郭敏華（2005）研究發現，在投資偏好和投資決策方面，男性和女性存在差別，因此提出在研究相關模型時加入性別變量，以此增加研究模型的可靠性。姜付秀和伊志宏等（2009）對董事長與企業過度投資行為進行研究，研究證實了董事長的學歷、年齡、專業背景及工作經歷會在企業過度投資行為中發揮作用，其進一步指出董事長的學歷會對公司過度投資行為有抑製作用，且這種抑制效應無論是在國有企業還是非國有企業

都適用。埃夫拉伊姆（Efraim）等（2015）發現有軍事經歷的CEO一般會降低公司的投資力度，不使用過高的財務槓桿，其所在企業不太可能發生詐欺行為。帕維亞（Palvia）和瓦哈馬（Vahamaa）等（2015）發現，性別差異會影響公司的決策行為，CEO或董事長為女性的小銀行往往持有較保守的資本水準，同時，女性CFO傾向於選擇較小的債務融資規模，併購頻率較低。阿齊讚（Azizan）和廷加（Tinga）以馬來西亞上市公司為研究樣本，發現CEO的過度自信、教育程度和任期與財務槓桿水準顯著正相關，他們還發現女性CEO、年輕的CEO、長期任職的CEO能承擔更大的風險，行為較為激進。盧馨和張樂樂等（2017）考察高管團隊與投資效率的關係，研究發現，高管團隊的平均任期和平均年齡與公司投資效率有顯著的正相關關係，他們進一步指出，高管團隊的平均年齡對企業過度投資的抑制效應在非國企中更加顯著，高管平均任期對投資不足的抑制效應在國企中更加顯著。

還有學者討論了高管特徵與企業會計政策穩健性、會計信息質量等方面的關係。張兆國等（2011）研究發現管理者團隊的男性占比對會計穩健性的影響為負，而高管團隊的學歷、年齡和任期對會計穩健性的影響為正。邱昱芳等（2011）對財務負責人的行業經驗和知識更新能力展開研究，他們發現的財務負責人的行業經驗越豐富，知識更新能力越強，會計信息披露質量就越高；然而他們的學歷和職稱與會計信息質量的提高無關。陳國輝和殷健（2018）研究發現首席財務官（CFO）的任職經驗越豐富，會計信息可比性越高。

2.5.2 高管特徵與企業創新水準

就企業高管與企業創新水準，研究者們主要關注了年齡、

任期、教育背景、工作經驗以及社會關係等幾個方面。

（1）年齡。弗勒德（Flood）等（1997）認為，隨著年齡的增長，管理者能夠更加審慎地分析經營中的風險及風險轉移方式，研發戰略會更為激進。但更多地研究者持相反觀點，即年長的 CEO 傾向於迴避風險，投資策略會更加保守。年長的 CEO，一方面精力更差，不願意再進行變革；另一方面，因為研發投入回報期長，風險較大，短期內對企業盈利無益，年長的 CEO 即將卸任，而研發投資不會為自己帶來回報，所以創新動機也會減弱（蔡爾德，1974）。相反，德肖（Dechow）和斯隆（Sloan）的研究認為，因為年輕的 CEO 對自己財務與職業安全性的預期會更加長遠，所以他們會積極開展科學研究與試驗發展（R&D）投資。除了年齡本身這一因素，劉鑫（2015）的研究發現，董事會平均年齡與 CEO 接班人年齡差距越大，CEO 繼任後的戰略創新水準會越高。

（2）任期。隨著任期變長，CEO 會對自己的經營方式感到滿意，而對創新和改革缺乏興趣與動力，不願繼續冒險進行戰略變革（格林 等，1991；米勒，1991）。而劉運國和劉雯（2007）的研究卻發現，CEO 任期與研發投入正相關，特別是在年輕的 CEO 群體和高新技術企業中，這一正向影響更為顯著；同時，即將離任 CEO 的研發投入積極性會減弱，這一點與德肖（Dechow）和斯隆（Sloan）的發現一致。劉鑫和薛有志（2015）的研究發現，新任 CEO 在上任初期會減少企業的研發投入，隨任期增長，削減研發投入的動機會減弱，企業的行業或歷史業績偏離度對兩者之間的關係起調節作用。如此混雜的研究結論可以從漢姆布瑞克和福克托馬（Hambrick & Fukutomi, 1991）的研究中得到啓發與理解。漢姆布瑞克和福克托馬（Hambrick & Fukutomi）提出了領導者生命週期理論（Leader Life Cycle,

LLC），該理論認為，CEO 的整個任期存在著季節變換，CEO 剛上任時績效較差，之後績效慢慢提升，達到頂峰，然後又逐漸下降，CEO 的任期與企業經營績效呈倒 U 形關係。這一關係或許可以囊括以上的不同結論。

（3）教育、職稱與工作經驗。CEO 是企業決策的制定者和執行者，CEO 的教育水準越高，會越重視企業的長遠發展和長遠利益，能夠洞悉市場中的潛在機會和風險，更富有變革和創新精神，能夠改善企業資源配置，有利於實現企業自主創新。實證研究也發現，CEO 的人力資本水準越高，企業擁有獨立研發機構的可能性越大（吳延兵 等，2009）。連燕玲和賀小剛（2015）以年齡、任期和教育水準的合成指標來衡量 CEO 的開放性特徵，以研發強度的波動等指標合成戰略慣性，實證研究發現，CEO 的開放性程度對企業戰略慣性有負向影響，即開放性程度高的 CEO 更傾向於變革。在職稱方面，有學者的研究發現，具有高級工程師職稱的高管更可能制定出創新型戰略。近年來，大量海外人才回流中國，羅思平和於永達（2012）基於光伏產業的研究發現，海歸高管（具有海外教育背景或海外工作經歷的高管）可以提升企業技術創新能力，加強企業知識產權保護力度，還會對周邊企業產生技術外溢效應，董事長和 CEO 的海歸背景對企業技術創新的促進作用更大。

（4）社會關係。陳爽英等（2010）的實證研究發現，企業家的社會關係（銀行關係、協會關係和政治關係）對企業技術創新有重要影響，銀行關係與協會關係對創新傾向和創新投入有正向影響，政治關係對企業技術創新有負向影響。實際上，許多研究企業社會網絡或政治關聯的文獻也是選用董事長或 CEO 的社會網絡或政治關聯作為企業的代理變量（張敏 等，2015；袁建國 等，2015；黨力 等，2015），因此，前文所述企

業社會網絡或政治關聯的部分結論在此處依然適用。

（5）其他方面。研究者們發現，家族企業 CEO 和控股股東之間的親緣關係與企業創新能力正相關（李婧 等，2010）。創始經理人在企業管理層中的占比會對研發投入產生抑制效應，而創始人擔任 CEO 會進一步加強這種抑製作用（陳闖 等，2012）。女性高管對研發投入有消極影響，但女性 CEO 對這一關係有正向調節作用（王清 等，2015）。高管過度自信對企業創新績效有積極影響，過度自信的 CEO 往往會低估失敗風險，但會有更高的創新產出（易靖韜 等，2015；加拉索 等，2011）。

2.5.3 高管特徵與企業績效

研究者們廣泛關注到高管年齡、任期、教育背景等人口統計學特徵對企業經營績效的影響，但是研究結論不盡一致。

年齡。部分學者認為高管年齡越大，對企業發展機會的把握度會越低，從而對企業績效的提升產生一定的負向影響。蔡爾德和梅隆（Child & Mellons，1992）認為高管平均年齡與企業業績負相關，年長的高管通常更加保守，故步自封。班特爾和維爾斯馬（Bantel & Wiersema，1992）的研究也認為平均年齡較小的高管團隊往往更具有冒險精神和創新能力，他們更趨向於接受新事物和新挑戰，而這些可能會給企業帶來更好的績效。繆小明和李森（2006）的實證研究顯示，隨著高管年齡增長，高管的判斷能力與學習新事物的能力有所下降，對公司績效有顯著的負向影響關係。苑寶磊（2009）也通過數據考察發現，高管的年齡與企業的績效和成長性均呈現出負相關關係，並且他發現如果整個管理者團隊中成員的年齡越小，越有利於企業績效的提高。然而也有一些學者持有不同意見。魏立群（2002）的研究卻發現，公司管理者年齡越大，越有利於提高企業績效。

科爾尼奧茨等（Korniotis et al., 2011）認為年長的高管經驗更豐富，能部分抵消年齡增長的負面影響。李焰等（2011）研究發現高管年齡與企業績效呈顯著正相關。連兵和徐曉莉（2015），袁曉波（2016）也都指出管理者平均年齡與企業績效水準之間呈現出正向關係。文詩夢（2017）研究指出，年長的高管不僅具有豐富的經驗，還有更加廣泛的政治和社會資源，因而可以獲取更多的有效信息，從而做出更加合理的決策，提升公司績效。還有學者認為高管年齡與企業績效不存在顯著關係，卡拉米（Karami）等（2006）通過對美國電信行業的數據分析，認為公司管理者的年齡大小與企業績效高低之間並不存在顯著的相關關係。

（1）性別。部分學者研究認為，女性高管對公司績效提高具有顯著促進作用。豐達斯（Fondas, 2000）研究認為女性高管的存在有利於董事會進行戰略規劃，因而這在一定程度上有助於公司實現利益需求。亞當斯等（2009）認為女性高管往往能夠起到更好的監督效果，有利於公司經營業績提高。任題和王崢（2010）研究指出男性擔任高管的比例並不總是與企業風險承擔成正比，而相反，女性擔任企業高管的比例越高，對企業績效的提升反而越有利。張娜（2011）以上市商業銀行為研究對象，得到女性高管比例與銀行績效呈顯著正相關關係的結論。李文昌（2016）的研究也得到了類似的結論。然而也有一些學者持相反意見。其中，有學者的研究顯示女性高管的公司業績顯著低於男性高管的公司業績。餘明桂等（2013）認為雖然女性高管在現代企業的發展中起到了一定的積極作用，但是相對於男性高管，女性高管考慮問題缺乏理性、深度，因此他認為男性高管比例越大，企業績效越好。劉洋（2014）以創業板上市公司為研究樣本，他認為創業板公司處於成長期，更需

要風險承受能力強和有魄力的高管來管理，因此男性比女性更適合做創業公司的高層管理者。連兵和徐曉莉（2015）的研究也發現女性高管比例越高的企業，經營業績水準往往越差。袁曉波（2016）提出高管性別特徵的不同將導致企業的投資行為不同，進而對公司業績產生影響，適當地提高男性高管比例將有助於提高企業績效。

（2）任期。在高管任期方面，研究結論並不統一。Hambrick（1991）首次提出，高管任職期限的階段性通常會導致企業績效呈現出階段性高低。芬克爾斯坦（Finkelstein）等通過對大樣本數據進行分析，發現高管在其任職達到一定期限（往往是任職後的七八年）後，往往會表現出積極性降低，開始缺乏創新力和挑戰精神，傾向於恪守固有現狀，而這些最終會導致企業經營業績的下滑。吳澤熙（2015）發現，在中國創業板上市的企業中，高管的任期長短與企業績效成反比，即隨著高管任職期限的增長，企業績效會變得越來越差。李文昌（2016）也發現高管任期與企業績效之間成顯著的反向線性關係。但是也有一些學者認為高管的任期與企業績效成正相關。王道平和陳佳（2004）通過問卷調查發現，員工的歸屬感來源於企業高管任期的延長，並且這種歸屬感能有效提高企業的績效水準。黃雪（2008）的研究也發現高管的任職期限越長，越有助於企業績效的提升。

（3）教育背景。在研究高管教育背景對企業經營績效的影響的相關結論中，學者們的研究結論相對較為統一，已有的大部分研究均認為高管學歷越高，企業經營績效也越好。鮑姆（Baum）和沃利（Wally）認為學歷低的 CEO 在信息搜集能力與管理能力方面處於明顯劣勢，學歷高的高管所引導的企業一般具有更強的競爭實力和創新能力。喬（Jo）和李（Lee）也

認為，受教育程度越高的高管越能為企業帶來更好的業績和更高的利潤。貝爾維爾（Belliveau）等（1996）研究發現較高學歷的 CEO 有更多、更高質量的人際資源關係，這對提高公司的績效有很大的幫助。江嶺（2008）、何靭（2010）研究得出，高管學歷背景的提高有助於提升企業績效，但是這種關係的前提是高管長期任職。羅焰等（2015）發現不管身處何種行業，高管的學歷水準均與其所在企業的績效高低成正相關，只是這種正相關性可能會因其所在行業的不同而表現出不同的顯著性水準。燕飛（2015）研究認為較高的教育水準代表著高管具有更高專業水準和管理水準，知識結構更加多元化，同時，也具備了接納和學習先進管理理念的能力，能夠在企業發展戰略上提供良好的支持，促進公司績效的提高。

3 高管金融背景與企業金融化的理論框架

3.1 高管金融背景

正如前文所述,從高階梯隊理論出發,學者關注到高管的諸如性別、年齡、教育背景、職業背景等人口統計學特徵對企業發展能產生顯著影響。高管金融背景是指企業管理者具有在金融機構任職的經歷,屬於對其職業背景的一種考量。目前,有關高管金融背景對企業戰略行為的研究相對較少,且學者們的研究主要集中在高管金融背景對企業融資和投資兩個方面。

在融資方面,伯傑和烏代爾(Berger & Udell, 2002),布里克(Brick, 2007)等學者發現,企業高管的金融關聯越深入,企業的貸款利率就會越低。貝爾(Behr)等(2011)還指出,有金融關聯的企業與沒有金融關聯的企業相比,公司的貸款審批時間會更短,貸款利率也更低。同時,中國學者也驗證了建立這種金融關聯的重要性。陳鍵(2008)發現,企業與銀行的關係持續時間越長,企業就有可能獲得更高額的貸款。鄧建平、曾勇(2011)發現企業存在金融關聯時,有利於緩解企業融資的壓力,這種現象在金融欠發達地區尤為明顯。

在投資方面，國內外學者對於高管金融背景對企業投資的影響褒貶不一。部分學者認為，具有金融背景的高管會使得企業更易獲得融資和貸款，這容易使高管過度自信，將大量資金投資到一些非優質的項目中，從而導致企業投資效率低下。從高管過度自信出發，馬爾門迪爾和塔特（Malmendier & Tate，2005），張敏（2013），葉玲和王亞星（2013）以不同的研究數據分別發現，高管過度自信會加大企業的投資水準，致使企業資金運作效率低下，不利於企業的正常發展。此外，金（Kim）等（2015），江軒宇、許年行（2015）研究發現，企業的過度投資將大大增加未來股票價格崩盤的風險。但也有學者提出了與上述觀點完全相反的研究結果。詹森（Jensen）和扎伊克（Zajac）研究了世界500強公司的CEO，他們發現那些有金融背景的高管更傾向於制定多元化的投資組合，以減少非系統性風險。姜付秀和伊志宏（2009）提出，那些擁有金融背景的企業高管能夠有效地遏制企業過度投資，從而使整體的投資行為更加合理。羅付岩（2013）、翟勝寶（2014）實證研究了A股上市公司，指出和金融機構形成良好的合作關係可以極大地彌補投資的不足，提高民營上市公司的投資效率。

以上研究可證實，高管的金融背景能影響企業風險偏好與戰略選擇，且高管具有與金融機構特殊的關聯性，從而對企業在資源配置、投融資決策方面產生顯著的影響效應。

3.2 企業金融化

3.2.1 企業金融化的界定與效應

目前，學者主要從宏觀和微觀兩個層面對企業金融化進行

界定。在宏觀層面上，多爾（Dore，2002）從金融體系的角度定義了金融化，將金融體系劃分成兩類：一類是銀行金融體系，另一類是證券市場金融體系。經濟金融化使證券市場體系更加完善，金融業的地位也在日益上升。克里普納（Krippner，2005）指出，金融化實際上是一個將剩餘價值從實體部門轉移到金融部門的過程。奧漢加斯（Orhangazi，2006）將金融化定義為金融系統的增長，包括金融市場、金融機構和其他進行金融交易的機構。而中國學者普遍認為，金融化的宏觀方面是市場虛擬經濟的深化。成思危（1999）指出虛擬經濟就是虛擬資本在經濟活動中的循環流動，即資金直接轉移到沒有進行實物生產和銷售的資本中。王愛儉（2008）認為，虛擬經濟是價格體系的鏡像，未來的價格變化反應的都是當前的預期活動。

在微觀層面上，威廉姆斯（Williams，2000）認為，為了保證股東利益的最大化，公司就必須要發放更多的股利。基於這種壓力，管理層不得不將資金投入資本市場，以期能快速獲取利潤，由此可見金融化是由股東革命引起的。克羅蒂（Crotty，2005）將金融化界定為關注股東價值的主導地位以及在此基礎上公司治理結構的變化。翟連生在1992年首次提出了企業資產金融化，他指出，生產企業的資產逐漸成為銀行金融資產重組後的國有企業，這與目前對大規模金融資產化趨勢的認識無關。鄧迦予（2014）認為，金融化是指在產融結合的過程中，企業將資金轉移至資本市場，依靠資本市場獲得更多的短期收益並忽視實體經濟市場的過程。許新強（2014）從靜態和動態兩個視角對非金融企業的金融化進行了界定，指出動態金融化是指企業改變盈利渠道，越來越依賴於金融資產投資活動的一種趨勢；而靜態金融化是指企業的金融投資收益占總收益的比例增加，並依賴於金融市場的回報。

從微觀層面出發，研究企業金融化對企業的影響，國內外學者褒貶不一。部分學者認為企業金融化可以提高企業績效、價值，有利於企業資源的合理配置，從而促進企業發展。這些學者研究發現企業可以通過金融化拓寬融資渠道，增加資金的來源，緩解企業的融資約束壓力。張明（2017）則以中國民營企業數據開展研究，得出相同的結論。

然而，也有部分學者則認為，企業金融化會影響企業主營業務的發展，削弱企業主動進行技術創新的動力，影響企業長期穩定經營。德米爾（Demir, 2009）以企業持有金融資產的比例衡量企業金融化程度，他發現以逐利為目的的短期金融化行為容易導致企業對主營業務的忽略。謝家智（2014）研究表明企業金融化會對企業技術投入有擠出效應，從而削弱企業創新能力。劉篤池等（2016）從國有企業的角度研究得出金融化對企業經營性業務的全要素生產率在總量和增量上都具有明顯的抑製作用。王紅建（2017）提出，實體企業金融化會抑制企業創新，且套利動機越強，盈利能力越弱的企業，其擠出效應越強。

此外，還有一些學者認為對企業金融化的影響研究之所以會不一致，是因為兩者之間存在 U 形關係。當企業金融化的程度處於一定範圍時，企業的生產效率和效益可以因此得到提升，但是當金融化水準超過一定程度時，就將造成主營業務投入和生產供給的不足，從而有可能導致企業整體的衰落。劉璇（2007）研究發現，企業金融化對民營企業的影響具有雙重作用，必須重視民營企業資本流向金融市場的現象。宋軍、陸旸（2015）認為企業金融化水準與企業績效呈 U 形關係，當企業業績較高時，這種關係體現為正相關，而當企業業績較低時，這種關係體現為負相關。

3.2.2 企業金融化的測度

依據上述對企業金融化的界定，對其的測度也區分為宏觀層面與微觀層面。學者最開始先從宏觀層面對經濟金融化進行度量。戈德史密斯（Goldsmith，1969）率先使用金融相關比率——所有現有金融資產的價值/（所有有形資產價值+外部淨資產）來衡量經濟金融化。根據經濟金融化研究的發展，蔡則祥、王家華等（2004）從經濟貨幣化、信貸化、證券化、虛擬化四個方面提出了37個具體指標來衡量不同時期經濟金融化水準。張慕瀕（2010）研究發現，金融部門的資產與國內生產總值（GDP）的比率可以作為衡量經濟金融化的標準，該比值越高，經濟發展就越快。

隨著研究的深入，越來越多的國內外學者從微觀層面來度量非金融企業的金融化程度。克羅蒂（Crotty，2003）以資金來源、資金利用、利潤分配等角度共設計了20個指標，來衡量非金融企業的金融化程度，得出美國非金融企業金融化程度在不斷加深的結論。奧漢加斯（Orhangazi，2008）以相同的視角，使用不同的指標——金融資產與總資產的比率、金融資產與有形資產的比率、利息支出與總增加值的比率，以及利息和股息收入與內部資金的比率，測算發現非金融企業金融投資對實物投資具有擠出效應。許新強（2014）、韋曉樂（2015）等從資產角度出發，從資產、金融資產占總資產比例的角度衡量企業的財務化程度，通過衡量財務化程度來探索製造業的金融化是否抑制了技術創新水準。此外，崔超（2016）則從企業治理的角度，從股權、管理層等方面度量企業的金融化程度。滑躍（2018）分別從資產、收益、現金流三個角度研究了中國非金融企業上市公司金融化程度及其影響因素。

3.3 要素密集度的行業劃分

　　要素密集度是指生產一個單位產品所使用的生產要素的組合比例，這個概念通常應用於國際貿易理論中的比較優勢理論，用來說明一個國家或地區在技術、資本、勞動等生產要素的哪個方面具有比較優勢。

　　按要素密集度劃分行業類別的理論基礎為要素稟賦理論與比較優勢理論。1919年，赫克歇爾（Eli F. Heckscher）發表了《對外貿易對收入分配的影響》這一著作，首次提出要素稟賦論。之後赫克歇爾的學生俄林（Beltil Gotthard Ohlin）詳細闡述了要素稟賦論的概念。

　　根據要素稟賦論的基本觀點，產業的劃分方法主要有定性分析方法與定量分析方法。定性分析方法是對行業要素投入狀況的直觀分析，以區分其資本密集度。定量分析方法是通過計算某一指標，並將該指標的大小與標準值進行比較分析，來確定哪個要素比較密集。由於定性分析存在著許多諸如不確定性和沒有嚴格的規範指標的問題，因此難以作為一種完整的、標準的分類方法，有必要與定量分析方法結合來做研究和分析。王國順和周勇（1995）研究發現，技術、資本、知識、信息、人力資源與自然資源等要素都在產業生產發展中發揮著重要作用。因此，根據上述各生產要素所占比例，我們可以把產業劃分成技術密集型、資本密集型、信息密集型、網絡密集型、資源密集型與知識密集型。楊建偉（2004）指出資本、技術和勞動三大要素是企業的主要要素。因此，他把產業分為與企業績效相關的資本密集型與技術密集型，以及在企業多元化戰略下

的勞動密集型，從而還引申出設計密集型與管理密集型這兩種產業類別。

從要素供給的視角來對企業進行行業劃分，在國內外研究中已經存在了很長一段時間，但是對行業劃分的方法還未有一致性的觀點。這主要有以下兩點原因：其一，由於各行業的要素密集度並非絕對的，而是相對的；其二，由於要素密集度本身存在的動態性，如果同一企業的地理位置不同，行業的劃分也會不同。梳理國內外學者的文獻研究，筆者發現確定行業要素密集度有多種方法，包括模糊聚類法、平均或加權平均法、主觀設定法以及排序法等研究方法。其中，平均或加權平均法是應用最廣泛的方法。但是在研究分析中，平均或加權平均法存在著很大的缺陷，即平均或加權平均法的準確性差，它在測量過程中非常模糊，因此不適用於研究需要精確測量的要求。另外三種方法也存在著各種缺陷，效果不盡人意。

有學者從多元評價指標出發進行分類，採用了聚類分析法進行要素密集度的行業分類。嚴素靜（1992）採用聚類分析方法，根據資源的密集程度定量分析了行業的分類。張理（2007）採用聚類分析法，整合具有相似指標的企業，最後以 29 個行業為樣本指標驗證了該方法的可行性。趙書華、張弓（2009）通過研究服務貿易行業發現，根據要素密集度來對服務貿易行業進行分類，採取聚類分析法與指標比較法，最後對服務貿易的十二個一級和二級行業進行分類，行業分為技術密集型、資本密集型和勞動密集型。

綜上，本研究認為根據企業的不同要素密集度，採用聚類分析法對行業進行分類，具有較高的準確性和可操作性，既彌補了以往研究方法的模糊性，同時又可以適應要素密集度其本身的動態性與相對性特徵。

3.4　理論分析與研究假設

3.4.1　高管金融背景對企業金融化的影響

如前文所述，高管金融背景會影響企業的投資和融資策略，而這一系列活動又會影響企業的經營效益和資本結構等方面，最終表現在影響企業金融化水準的高低。

一方面，高管的金融背景可以促使企業與相關金融機構建立更為密切的聯繫，我們通常將這種聯繫稱之為金融關聯，而這種金融關聯可以幫助企業以更低的貸款利率獲得更多的貸款，這樣有助於提高企業的經營效益，維持企業資金鏈的循環。同時，企業擁有充足的資金，就會使企業高管有足夠的資源進行投資和產業擴張。與此同時，具有金融背景的高管會更傾向於運用自己的專業知識幫助企業制定投資項目以提高效益，從而在一定程度上提升企業的金融化水準。從這個角度看，具有金融背景的高管會為了企業的良性發展而選擇適當提高企業金融化水準。

另一方面，更易獲得的資金、更多的投融資渠道會催生高管的過度自信、腐敗等行為。過度自信會促使高管盲目投資於非最優項目，降低企業整體的運作效率，提高企業金融化程度。與此同時，具有金融背景的高管也更偏向於推行高槓桿的經營策略，運用金融背景進行大幅融資、投資高風險產品等提升公司的金融資產占比，加大了經營風險，從而也成倍地提升了企業金融化水準。從這個角度看，高管的金融背景會提高企業金融化水準，而影響企業正常發展。

基於以上分析，本書提出如下假設。

假設1.1：高管金融背景與企業金融化水準呈顯著正相關關係，即具有金融背景的高管越多，企業金融化水準越高。

3.4.2 要素密集度對企業金融化的影響

按生產過程對各生產要素的需求強度，企業可以被劃分為技術密集型企業、資本密集型企業、勞動密集型企業等。不同要素密集度的企業，具有不同的比較優勢和特有的生產力發展狀況。

企業的不同要素密集度決定了企業對技術、資本、勞動的需求強度不同，由此影響企業投資決策等，同時由於企業主要生產要素的異質性，各類型企業的經營風險、財務風險也各有特徵，這也決定了公司內部的資產配置會產生差異。

首先，對技術密集型企業來說，高管人員和核心技術人員是企業價值創造的主體，這類企業對技術要求較高，會投入大量的人力、物力、財力到各種創新研發中去，主要表現為研發支出、研發人員的投入以及專利和專有技術的獲取等，從而形成企業專屬的技術資產。並且，通過這些方式將企業的技術創新轉化為產品或服務附加價值的提升，由此取得更多的利潤，從而使得企業形成核心競爭力，得到更加持續長久的發展。一般來說，技術密集型的企業在一定時期內需要大量的資金投入，企業內部的絕大部分資源往往也都會投入到技術研發中去。但是由於這類企業收益的增長速度遠遠慢於資金投入的速度，此時技術密集型企業耗費大量的資金和時間成本，如果此時企業將資產轉投進金融市場，其機會成本太高，這會對企業的核心研發任務產生影響；同時，這對於技術密集型企業的成長以及長遠發展也有較大的負面影響。

其次，對資本密集型企業來說，這種類型的企業通常勞動力較少，技術設備較多，投資效果和資金週轉都較慢。因為這種企業創造績效的主體大多是資本，並且這類企業的產出量取決於資本的投入量，資金投入越大，所獲得的收益也將越多。對非金融企業來說，資本密集型企業在生產過程中物化勞動消耗較大，而人力勞動消耗較小，企業的資本配置也主要由技術裝備、機器等固定資產主導。這類型企業往往對資本需求很大，但又因為自身發展的限制，會去尋求更多外部融資，資本密集型企業通常擁有較高的財務槓桿，而如果資本密集型企業選擇將資金投入到風險較高的金融市場，依靠金融市場獲取收益的話，這對於資金週轉慢的這類型企業的償債能力會產生嚴重的負面影響，資本密集型的企業對資金的需求更大，也更加注重企業資本結構的優化，這也決定了企業更不容易進行金融化的投資決策。

最後，對勞動密集型企業來說，價值創造既包括管理人員，也包括普通的一線員工，而且一線員工更加重要。同時勞動密集型企業對技術和資本的需求偏少，相比於其他兩種類型的企業來說缺乏較強的盈利能力，這類型企業往往會通過增加工人工作時長或減少員工數量壓縮勞動力成本，從而提高經營收入。儘管勞動密集型企業規模較大，但其營運風險也很大，預期收益又比較低。於是，勞動密集型企業很容易就會將目光投向收益較高的金融市場，儘管金融市場風險較高，但是相對於勞動密集型企業主營業務的低收益來說，企業金融化的投資決策可以獲取更多收益，其機會成本又相對較低，所以勞動密集型企業更傾向於用這種方式獲取更高效益。

基於以上分析，本書提出假設 1.2：

假設 1.2：不同要素密集度的企業，其企業金融化程度顯著

不同；勞動密集型企業的金融化程度會顯著高於資本密集型企業和技術密集型企業的金融化程度。

3.4.3 要素密集度的調節作用

企業金融化指標作為一把「雙刃劍」，並不能作為衡量企業經營投資戰略好壞的標準。企業金融化水準過低，說明企業資源的利用效率沒有最大化，而如果企業金融化水準過高，又會影響到企業的核心業務。因此，不同要素密集度的企業引入擁有金融背景的高管，其目的也是不同的。有的企業想要降低其金融化水準，有的企業想要優化其資產配置，從而提高其資源的利用效率，提高其金融化水準。同時，如3.4.1節分析，高管的金融背景對企業金融化程度存在顯著影響，但是這並不能區分不同要素密集型企業中兩者關係的差異，因為還需進一步結合要素密集度進行驗證。

對技術密集型企業來說，這類型企業規模較小，不存在較大的經營風險，此時企業對技術要求較高，通常這類型企業成長很快，屬於高新技術企業，融資能力強，在一定時期內資本投入較多，且研發週期較長，資金回籠的速度要遠遠慢於資金投入的速度，企業金融化很容易就會對企業核心業務產生消極影響。往往這個時候，由於委託代理關係的存在，具有金融背景的高管，由於具有完備的金融、財務相關專業知識，從企業長遠發展來看，會傾向於抑制企業的金融化程度的增長。

對資本密集型企業來說，企業對資金的占用程度相對較大，因為需要持續提高資本（固定資產）來持續營運，使得企業資金並不充足，如果要提取大量資金進行金融化發展，就會對原有產業產生不利影響。同時，公司規模大，資產多，管理結構複雜，就會導致「轉向困難」，管理成本較高，投資金融市場所

需的機會成本更高,這時,投資經營決策的操作空間會很小,高管無論是否具有金融背景,都不會進行相關金融領域的投資決策。因此,往往這種類型的企業中的高管,無論其是否具有金融背景,都不會對企業的經營投資戰略有太大影響。

而對於勞動密集型企業,其規模較大,存在較大的經營風險,預期收益又比較低,同時企業對資金的占用程度相對較小,而且企業高管金融背景的增加會使企業高管更加依賴其專業知識,勞動密集型企業投資經營決策有更大的操作空間,不論是為了實現更大的利潤而提高企業金融化程度,還是為了優化企業資產配置而降低企業金融化程度,勞動密集型企業中的高管金融背景對金融化水準的影響程度都要高於其他企業,即對於勞動密集型企業,其要素密集度對高管金融背景和金融化水準的關係有正向調節作用。

從而可以得出,企業高管金融背景與企業金融化水準的關係受到要素密集度的影響,從結果上說,即不同要素密集型企業中高管金融背景對企業金融化水準的影響程度是不同的,從方法上講,即要素密集度對兩者關係具有不同的調節作用。

基於以上分析,本書提出如下研究假設:

假設 1.3:不同要素密集型企業的高管金融背景對企業金融化水準的影響程度是不同的:對於技術密集型企業,要素密集度對高管金融背景與金融化水準兩者關係具有負向調節作用;資本密集型企業,要素密集度對高管金融背景與金融化水準兩者關係不具有調節作用;對於勞動密集型企業來說,要素密集度對高管金融背景與金融化水準兩者關係具有正向調節作用。

4 高管管理能力與企業創新的理論框架

4.1 CEO 管理能力

博亞茲（Boyatzis）在 1982 年第一次提出能力理論，在他看來一個人是否能夠完成一項任務取決於他的人格特徵、知識以及能力等因素，在眾多因素當中，能力是起決定作用的因素，Boyatzis 還強調了能力必然蘊藏於個體的具體行為中，並且是能夠被觀測到的。在這之後，1993 年，伯戈因（Burgoyne）提到能力是可以通過規範化訓練得以提升的，它是完成某項工作或任務以及擁有相關的所有知識、態度、技能的總和。Boyatzis 與 Burgoyne 提出的相關理論開啓了學者對能力理論更深層次的研究，亞當和切爾在能力理論的基礎上首次提出了 CEO 管理能力，他們認為一個具有管理能力的 CEO 必須在商業戰略、營銷戰略、財務戰略等領域具備高超的能力。在此之後，國內外學者從不同角度針對 CEO 的管理能力進行了多方面的闡述。

魏江在 1998 年提出 CEO 的管理能力的增長過程也就是其知識的累積過程，管理能力是通過不斷地實踐與累積來提高的。

王烈在 2001 年提到 CEO 管理能力的結構，他認為 CEO 管理能力由創新能力、決策能力、學習能力、人際關係能力、組織能力、實踐能力以及表達能力等構成。

苗青、王重鳴（2003）認為，CEO 管理能力的核心包括創造性破壞、承擔風險和學習能力，而必備能力則包括人際關係能力、指揮領導能力、組織能力和表達能力。2003 年李志、郎福臣、張光富通過綜合整理中國關於「企業家能力」的研究文獻得到結論，他們認為 CEO 管理能力是綜合創新、決策、判斷、應變、組織、用人、協調、投資經營和信息運用的一種能力。朱桂平、郭海飛認為，CEO 管理能力是在經營管理活動中穩定的心理特徵的表現，是勝任領導企業這一任務的主觀條件。

從上述文獻中可以看到，CEO 在經營企業時，是個決策者，需要在信息不完全和不確定的條件下對組織行為、稀缺性資源、投資及利潤進行決策（奈特，1921），所謂的 CEO 管理能力就是作為一名 CEO 所需要具備的利用資本經營的能力、選人和用人的能力、計劃和控制的能力、識別機會和風險的能力、創新能力、處理不確定事項的能力等這一系列能力的綜合。

CEO 管理能力是一個寬泛且難以測量的指標，按照不同的角度，CEO 管理能力又可以細分到不同類別。舒爾茨認為人力資本是人類的知識、技能和熟練程度，這些人力資本可以通過教育和職業培訓獲得。一般理論認為，人力資本可以分為以下六種類型：資本專用性的非專有性人力資本、行業專用性的非專有性人力資本、企業專用性的非專有性人力資本、通用性的專有性人力資本、行業專用性的專有性人力資本和企業專用性的專有性人力資本。根據對人力資本的劃分，貝克爾（Becker）提出，CEO 管理能力可以分為兩種類型：一般管理能力和特定企業管理能力。一般管理能力指不特定於任何組織，但可以在

不同公司或行業之間通用的管理技能，特定企業的管理能力是指僅在特定組織內有價值的技能。

在現實生活中，CEO 管理能力難以測量，一般通過 CEO 的成長背景、貿易經驗、市場經驗、地位等來進行辨別。根據 CEO 一般管理能力的定義，一般管理能力是指在不同行業公司可以通用的能力。庫斯托迪奧（Custodio, 2013）認為這種能力是通過職業經驗累積出來的，也即 CEO 的一般管理能力是由其職業背景所決定的。

4.2　企業創新

4.2.1　企業創新的定義

「創新」一詞是由熊彼特在《經濟發展理論》中首次提出，熊彼特從這裡開始了對創新理論的初步探索，通過瞭解《資本主義的非穩定性》和《經濟週期》，熊彼特不斷修正、豐富自己對創新的定義，他認為，創新有五層含義：①生產新產品或者為原有某種產品提供新功能；②引入一種新的生產方法；③開拓一個新市場；④發掘一種新的原材料或者發現原材料的新供應源；⑤開創一個新組織。這五種創新類型就是產品創新、技術創新、市場創新、資源配置創新和制度創新。至此，熊彼特建立了較為全面的創新理論。

其他學者也基於不同的角度對創新進行了分類。厄特巴克（Utterback）等（1975）從產業成長階段出發，將創新分為產品創新、工藝創新和組織創新。馬奇（March, 1991）基於組織學習視角，將創新分為探索式創新和開發式創新。鮑爾和克里斯

腾森（Bower & Christensen，1995）基於創新依賴的價值網絡，將創新分為延續性創新和破壞性創新。切斯布洛（Chesbrough，2003）根據創新思想來源的不同，將創新分為封閉式創新和開放式創新。不同於學術研究角度，經濟合作與發展組織（Organization for Economic Co-operation and Development，OECD）立足實務，將創新分為四大類：產品創新、工藝創新、組織創新和營銷創新。菲利普斯（Phillips，1997）以及莫特和蒂（Mothe & Thi，2010）在 OECD 創新分類的基礎上，又將以上四類創新歸納為技術創新和非技術創新兩類。技術創新包括產品創新與工藝創新，非技術創新包括管理方法、組織架構和營銷策略的創新。本書關注的主要是技術創新，即新產品和新工藝，或原產品在特徵和用途方面實現顯著改進，原生產工藝或交付方式在技術、工具或軟件上有顯著改進。

　　在眾多技術創新主體之中，企業極其重要。企業進行技術創新是為了抓住潛在的商業機會，獲取商業利益（傅家驥，1998）。企業追求技術創新的根本目的是保持市場競爭力，追求潛在的超額利潤。從現實數據來看，企業的重要主體地位體現在技術創新的投入與產出上。僅以 2014 年為例，中國企業 R&D 經費支出共計 9,817 億元，占全國 R&D 經費支出的 75.4%；中國企業發明專利申請量 48.5 萬件，占當年全國發明專利申請量的 60.5%；中國企業發明專利授權量為 9.2 萬件，占當年全國發明專利授權總量的 56.5%；而且，這些絕對量和相對比例都呈逐年上升趨勢。相較於科研院所、高校和個人，企業在主觀意願上，追求商業利益的技術創新動機更強，激勵也更大；在客觀條件上，企業往往資金實力更加雄厚、組織效率更高。因此，企業是重要的技術創新主體。

　　目前隨著國內外學者的不斷深入研究，企業創新的概念具

有一定的差異性。一部分學者認為製造新產品就等於創新，創新就是組織內部自己產生或者組織從外部購得新產品的特定活動。傅家驥（1998）提出企業創新就是發現市場空白，然後針對市場空白去研發新產品，所以他認為企業創新等同於新產品的研發，具體包括企業自主研發新產品、企業與其他組織共同合作研發新產品以及把研發活動外包給其他企業。朱桂龍等（2006）學者也有類似看法，他們認為企業創新是通過生產和開發出適應市場需要的新產品，並最終通過企業的營銷渠道將新產品推向市場。

還有一部分學者認為企業創新不是某一單獨進行的活動而是一系列相互聯繫的過程。伯格曼（Burglman，1993）認為企業創新不是一個單一的結果，它指的是企業將企業內部各種資源進行系統整合的過程，創造新工藝、開發新產品、開闢新市場都算企業創新的一種。多爾蒂（Dougherty，1995）認為企業創新是一個包含產品設想、組織內部協調等一系列活動的過程。錢錫紅等（2009）認為企業創新是一個過程，它不能被僅僅停留在構想層面，它指的是一個新的構想、事物、方法從開始到落地的過程。

4.2.2 企業創新的測度

關於企業創新的測度，國內外主要有兩種方法——投入法與產出法。投入法主要是利用R&D投入作為衡量指標。R&D作為企業創新的主要組成部分，它的投入量與企業創新的產出規模、水準有顯著關係。現有企業很多都將研發實驗室獨立出來，成立一個單獨的研發部門，這樣會更加客觀、規範地度量企業創新成果。所以很多研究主要採用兩種衡量方式。一種是從經費上直接計算，用R&D投入比銷售收入；另一種是利用人員數

量，用從事研發的人員數量比企業中的全部技術人員數量。利用 R&D 作為主要指標衡量企業創新的缺陷是只考慮了前期投入，對於實際的產出效果無法衡量。

產出法指的是研發產出的專利數作為衡量企業創新的指標。專利權指的是國家根據專利法授予申請人對其研究發明成果使用、佔有、任意處置的權利。企業的研究投入是為了取得成果，取得其他競爭對手所沒有的知識和技術，從而提高企業核心競爭力，所以專利受到法律保護，使企業在一定時期內獨享專利所帶來的收益。所以說，專利直接代表了企業的創新成果，另外專利數據可通過企業年報、公告、專利數據庫等途徑獲取，量化指標也較容易，用專利衡量企業創新有一定的科學性。一般認為，企業專利數量越多，企業的創新性也越強。在中國，申請專利授權時，專利類型分為三類，分別為發明專利、實用新型專利和外觀設計專利。發明專利指的是企業發明創造了新的產品、新的方法或者是利用新的技術手段改進以前的產品、方法。實用新型專利主要是指對產品的內部構造、外形進行改進和設計。外觀設計專利主要是指對產品外觀形狀、圖案或者顏色進行改進設計，使產品具有藝術美感。三種專利類型的技術要求逐級降低，發明專利最高，其次為實用新型專利，最低為外觀設計專利。

4.2.3 企業創新的影響因素

烏爾夫（Wolfe，1994）將企業創新影響因素概括為三個因素：個人因素、組織因素和環境因素。金和安德森（King & Anderson，1995）則將企業創新的影響因素分為四個方面：組織人員、組織結構、氛圍文化以及企業環境。國內學者黃攸立、陳如琳（2010）將企業創新影響因素分為個人因素、組織因素、

結構因素以及環境因素。可見，影響企業創新的因素可分為內部因素和外部因素，內部因素包括企業成員、企業組織。

　　從內部因素的企業成員出發，目前國內外學者的研究主要集中在一些對企業有重大影響的人員身上，比如企業高管、企業所有人和企業核心技術人員等。烏蘭（2002）提到創新是企業家精神的核心，一個具有創新精神的企業家是決定企業生存的關鍵人物。於長宏和原毅軍（2015）在探討 CEO 過度自信與企業研發投入之間的關係時，通過構造企業 CEO 與技術人員博弈模型得出結論，CEO 過度自信與企業創新投入間呈正相關關係。張振剛、李雲健（2016）通過研究員工主動性與企業創新之間的關係時發現，員工主動性對企業創新有正向影響，另外員工的心理承受力以及知識分享能力對員工主動性和企業創新間的關係有正向調節作用。馮旭等（2009）將中國上市公司企業數據作為研究樣本，得出自我效能感可以促進企業員工積極參與公司創新活動，工作動機對兩者關係有仲介作用。張毅（2014）以中國上市公司科研技術人員作為研究對象，也得到類似的結論，員工的自我效能感與企業創新活動呈正相關關係。

　　從企業組織層面上來講，目前關於組織因素對企業創新的影響主要關注組織自身因素，比如組織文化、規模、結構以及工作環境等因素。達曼普爾（Damanpour, 1991）的研究表明組織結構對企業創新有顯著影響，具體而言企業正式化結構與企業創新活動沒有相關性，企業集權化結構與企業創新具有負相關關係，企業專精化結構與企業創新具有正相關關係。還有學者在探究組織制度的公平性與企業創新的關係時，發現組織制度的公平性與企業創新行為呈正相關關係。楊付（2012）的研究結果表明團隊交流更順暢、企業工作氛圍更好有助於企業創新活動的開展。張玉臣、呂憲鵬（2016）認為企業規模、員工

人數對企業創新有顯著的促進作用，所以他建議企業可以把握一個好的時機擴大生產規模以及增加員工人數，以更好地提高創新產出。

從企業所處的外部環境因素來看，國內外學者主要討論了市場環境與宏觀經濟環境兩個方面對企業創新的影響。格羅斯曼和海普曼（Grossman & Helpman, 1991）的研究結果表明市場競爭越激烈，企業的創新積極性會降低，競爭激烈的環境中新產品更容易被模仿或替代，所以當市場競爭變得更激烈時，企業創新積極性會降低。曾萍、鄔綺虹（2014）通過研究發現，政府的政策支持會影響企業創新活動，比如財政支持以及創新環境建設等可以增加企業創新投入。黨力、楊瑞龍（2015）在探究宏觀大環境對企業創新的影響的時候發現，政府的反腐倡廉政策有助於企業增加創新的投入。何玉潤、林慧婷（2015）以中國上市公司為樣本數據，探索市場競爭對企業創新的影響，他們發現，市場競爭對中國企業創新具有明顯促進作用，除此之外，研究還發現，股權性質對兩者作用機制有負向調節作用，在國有企業中，市場競爭對企業創新的促進作用會被減弱。

4.3 CEO 特徵與企業創新

4.3.1 CEO 之於企業創新的重要性

在眾多內部因素中，CEO 已成為解釋企業創新活動異質表現的一個焦點。現代社會是知識經濟社會，高層管理者是公司的核心靈魂，高管對於企業的長遠發展至關重要（李維安，2009）。而 CEO 又是高管團隊的核心，是企業管理權力的核心，

在企業管理的計劃、組織、領導和控制過程中扮演著最重要的角色，CEO 帶領企業向既定目標前進，對企業的戰略與績效負責，甚至於 CEO 個人之成敗亦會被視為企業之成敗（李新春和蘇曉華，2001）。

企業所有權與經營權分離之後，CEO 對於企業戰略的制定通常有很大的裁量權（伯爾勒 等，1932；威廉姆森 等，1964；詹森 等，1976）。而創新活動是構成和實現企業戰略的關鍵組成部分，CEO 決定研發投入的數量和配置，選聘關鍵職員，構建總體組織，以實現公司的知識創造（科恩 等，1990）。張祥建等（2015）認為 CEO 能對企業資源進行挖掘和整合，提高資源利用效率，將資源轉化為創新型產品或服務，進而提升企業績效。因此，CEO 對企業技術創新有著重要影響。

談及 CEO 對企業技術創新的影響，主要有兩個視角。一個是制度安排。CEO 職位是一種企業制度安排，對 CEO 賦予多大權力、配套何種激勵約束措施可以最大限度地發揮 CEO 的作用，促進技術創新，提升企業價值，這涉及了 CEO 的權力與約束。另一個是個人特徵。高階梯隊理論認為人口背景特徵是高管認識模式與價值觀形成的重要基礎。企業技術創新活動的啟動、推進離不開 CEO 的戰略和管理決策，而 CEO 的決策很大程度上取決於其認識模式、價值觀與領導風格，故這一角度主要關注的是 CEO 的人口背景特徵和領導方式。

4.3.2　CEO 的制度安排與企業創新

CEO 的制度安排，主要涉及三個方面：激勵、約束和權力。首先，對 CEO 的激勵。激勵方式主要有兩種，薪酬激勵和股票激勵，而對於中國國有企業，還存在晉升激勵。曼索（Manso，2011）對高管創新激勵有過系統論述，他認為激勵高管創新，

重點在於要容忍短期的創新失敗，獎勵長期的創新成功。研究者們發現，CEO 股權激勵有利於企業增加 R&D 支出（劉運國等，2007；馮根福 等，2008）；CEO 薪酬激勵能夠促進企業技術創新，而國有產權會削弱這種促進作用（李春濤 等，2010）；改變國企高管業績考核制度，從淨資產收益率（ROE）導向變為經濟增加值（EVA）導向，可以提升國企創新績效（餘明桂 等，2016）；作為一種隱性激勵，以在職消費衡量的高管控制權激勵與企業創新動態能力存在顯著的倒 U 形關係（徐寧 等，2012）。其次，對 CEO 的約束。作為激勵手段的薪酬同樣也可以成為約束機制，盧銳（2014）發現，事後的薪酬業績敏感性機制可以約束高管在創新活動中的機會主義行為。最後，是 CEO 的權力。研究者們發現，與所有者控制型公司相比，經理控制型公司有著更高的 R&D 投入（卡尼茨基 等，2004）；CEO 管理自主權的大小、高管團隊中的權力不平等程度（CEO 相對於其他高管權力大小）也與企業研發投入成正相關（張三保 等，2012；衛旭華 等，2015）；此外，劉鑫（2014）和薛有志（2014）的研究發現，CEO 變更，即 CEO 權力更迭對企業研發投入有負向影響。

4.3.3　CEO 個人特徵與企業創新

自從高層階梯理論出現之後，學者們開始圍繞 CEO 的人口統計學特徵不斷展開研究，探索 CEO 人口統計學特徵在企業績效以及企業戰略選擇上的影響，目前大量的實證研究都表明 CEO 的人口統計學特徵會影響高管的認知以及決策，而這些差異都會在企業績效以及企業戰略選擇上體現出來。對於 CEO 人口學特徵對企業創新的影響，早期研究學者主要圍繞 CEO 的性別、年齡、教育程度、政治背景等單一的某個方面著手研究。

簡要梳理研究結論如下：

面對創新這種風險性經營活動而言，女性比男性表現得更為保守，傾向於掌握大量的數據、信息，能夠盡可能全面地瞭解情況後再做出抉擇。伯納塞克（Bernasek & Shwiff, 2001）發現，女性明顯表現得更加願意選擇規避風險。

CEO 的年齡對企業創新的影響，大部分學者認為年齡與企業創新之間存在負相關關係。比如穆勒（Mueller, 2002）通過實證研究發現，隨著年齡的增加，高管對風險的厭惡會增加，會更傾向於保守經營，所以會減少研發投入。

關於 CEO 的教育背景與企業創新之間的關係，大多數學者都認為 CEO 的教育水準與企業創新之間存在正相關關係。也就是說 CEO 的受教育水準越高，越傾向於制定企業創新戰略。例如，卡門（Carmen）等學者通過實證研究，認為 CEO 的受教育程度越高，一定程度上代表知識越全面，對企業創新活動持更積極的態度，也更有能力去綜合控制企業的創新活動，從而使其創新決策的能力越強，能更有效地控制創新活動的進展。此外，羅明新等（2013）研究發現，企業高管的政治背景與企業技術創新績效之間具有顯著的負相關關係，他們認為企業高管具有政治背景將阻礙公司的技術創新活動的開展。

4.4　企業股權特徵與企業創新

企業的股權特徵通常指企業股權集中度、大股東與中小股東的股權比例及企業控制人性質等。企業的股權特徵是影響公司組織結構和治理結構的重要基礎性因素，是企業內外部政治、經濟、法律和文化等多個因素共同作用的結果。因此，企業的

股權特徵往往又被視為企業的治理結構。從企業的股權特徵出發，已有較多學者關注到其對企業創新的影響。

4.4.1 股權維度與企業創新

股權維度主要是指股權集中度和股權制衡度兩個方面，其中股權集中度被認為是公司所有權結構的核心。特里博（Tribo）等（2007）利用西班牙企業數據研究發現，股權集中度與研發投入正相關。他們給出的解釋為：一是股權較為分散時，不同的股東可能有差異化的偏好選擇，在制定研發決策時很難達成統一的意見，造成研發投入減少；二是由於股東所有權越分散，經營者自主權越多，存在風險規避偏好的經營者會捨棄風險性項目投資，從而導致研發投入不足。類似地，巴塔瓊（Battaggion，2001）在研究中指出股權制衡程度較高的上市公司，各大股東更願意通過增加創新投入提高公司的科技創新能力，以實現公司的長遠發展。霍索諾等（Hosono et al.，2004）發現，公司的股權集中度可以對公司的創新能力產生積極影響，大股東持股比例越大，增加研發投資的可能性就越大，因為盈利後，大股東還可以獲得超額利潤。李（Lee，2012）以韓國製造企業為樣本，研究發現股權集中度對研發投入有顯著正向影響，原因在於韓國公司的大股東往往是長期導向型的，而且大股東有能力影響公司的決策，因此股權集中度對研發投入有正向影響。

也有學者認為股權集中度與企業創新呈負相關關係。奧爾特加·阿吉萊斯（Ortega-Argiles，2005）研究發現股權集中對研發投入有不利影響，他們認為分散的股權提高了經營者決策的靈活性，因此，股權集中度較低的公司更願意進行研發投資並獲取專利。楊建君和盛鎖（2007）研究認為，創業企業的大

股東往往會畏懼創新失敗風險，擔心損害到自身利益而放棄創新研發項目，從而對整個企業創新活動產生負向影響。張啓秀等學者（2012）以中國製造業上市公司為研究樣本，發現股權集中度過高時，高管們會減少研發投資，以保護自己的利益。

還有部分學者認為股權集中度與企業創新之間的關係是非線性關係的，但是結論也呈兩極分化。一部分學者認為，兩者的關係呈「U形」關係。陳隆等（2005）實證研究表明股權集中度與企業創新之間呈「U形」關係。畢克新和高岩（2007）對54家中國製造業上市公司進行實證分析，得出 R&D 投入強度與股權集中度呈「U形」關係。然而，另有一部分學者認為兩者關係是呈「倒U形」關係。馮根福和溫軍（2008）以大股東的治理效應為理論依據，通過研究不同所有權結構下股權集中度與企業創新的關係，結論是股權集中度與企業創新呈「倒U形」關係。楊建君、王婷（2015）通過研究發現股權集中度與企業創新行為之間存在「倒U形」關係，他們認為股權集中度可以通過決定企業資源的分配來影響企業的創新行為。此外，文芳（2008）利用 1999—2006 年中國上市公司的研發數據，發現股權集中度與公司 R&D 投資強度之間呈「N形」關係，兩個轉折點分別為 25% 的股權集中度和 50% 的股權集中度，在這個區間股權集中度對創新的效應明顯。

最後，還有學者認為股權集中度與企業創新沒有相關關係。馬登和薩維奇（Madden & Savage, 1999）通過實證研究認為，股權集中度與企業創新沒有關係，股權集中度的高低不會影響企業做出有關研發投入的決策。

另有學者從股權制衡度的角度展開這一問題的研究。股權制衡度是一種上市公司的新型股權結構，股權制衡度指的是各個股東之間形成有效的制約與監督，從而避免第一大股東獨攬

大權的情況出現。關於股權制衡度對企業創新的影響，各學者並未得到統一的結論，但大部分學者認為股權制衡度與企業創新之間有正相關關係。巴塔瓊（Battaggion，2001）認為股權制衡度與企業創新有正相關關係，股權制衡度較高的時候，股東們為了公司的長遠發展，更願意通過增加創新投入提高公司的科技創新能力。特里博（Tribo，2007）認為公司股權制衡程度越高，股東之間相互監督和控制越平衡，戰略決策和發展方向將更傾向於投資創新研發項目。劉勝強（2010）利用中國上市製造企業的數據發現公司的股權制衡度越高，公司的創新研發投入越多。與此相反，陳坤宇（2013）認為，實證研究表明，股權制衡度對公司的創新研發活動並沒有顯著影響。

4.4.2 股權性質與企業創新

關於股權性質對企業創新的影響，有較大部分的研究認為國有控股企業不利於企業的研發投入，具有更弱的企業創新表現。薩維奇和馬登（Savage & Madden，1999）認為私營企業更傾向於加大對創新的投入。古格勒（Gugler，2003）以澳大利亞企業為樣本，研究認為國家控股的公司在分紅方面更加慷慨，而分紅導致企業現金流減少，不利於研發投入，據此可以認為國家控股對企業創新有負向影響。有學者（2009）認為在創新和研發投入、創新和研發績效方面，國有控股公司低於非國有控股公司。費德里科（Federico，2010）選取歐洲上市公司作為研究樣本，實證研究揭示非國有控股公司的創新研發投入較高，而在進一步分析中發現，家族持股比例、股權集中度越高，企業創新研發投入則越低。Federico（2010）將歐洲上市公司作為研究樣本，經過實證研究發現，在企業創新研發投入上，非國有控股公司比國有控股公司更多。李丹夢（2008）和任海雲

（2010）也有相同觀點，他們認為非國有控股公司比國有控股公司更有動力開展創新活動。湯業國（2013）選擇國內上市公司作為研究樣本，他們認為，如果公司的實際控股份額掌握在國家手中，管理層會更傾向於穩定生產經營，公司會為了快速獲得短期利益而減少了高風險創新研發項目。

但也有個別學者有不同的結論。戈佩斯（Gompers，2003）則從股權性質角度進行實證研究發現，上市公司的股權性質與公司的創新研發投入並不存在顯著的相關性。李春濤（2010）通過實證研究發現，國有企業比非國有企業具有更強的創新能力。

4.5 理論分析與研究假設

4.5.1 CEO管理能力、職業背景與企業創新

（1）管理能力與職業背景。

波多（Baudeau，2006）結合能力理論提出CEO管理能力對企業經營的重要性，他強調管理能力對高管來說是至關重要的，這種管理能力是高管收集、接收以及處理信息的能力。在處理企業經營事務時，高管依賴並且運用自己的知識和能力去盡可能地為減少風險做出決斷。Baudeau的觀點讓學者們開始圍繞CEO管理能力對企業創新影響進行研究。餘來文（2006）提出CEO的管理能力降低了企業創新成本，進而為企業創造了價值。但是由於CEO管理能力難以測量且沒有統一標準，所以有關兩者的研究數量還相當有限。

庫斯托迪奧（Custodio，2013）根據人力資本理論將CEO管理能力分為一般管理能力和特定企業管理能力。Custodio認為

CEO 的管理能力主要源於自身的職業經歷，所以在測量 CEO 一般管理能力時他主要考察了 CEO 的職業背景，並設計了 5 個變量來進行測量：①CEO 以前的工作職位數量；②CEO 以前工作過的公司數量；③CEO 以前工作的行業數量；④CEO 以前是否擔任過別家公司的 CEO；⑤CEO 是否在一家上市公司工作過。Custodio 利用主成分分析法將這 5 個變量進行降維，最終得到衡量 CEO 一般管理能力的 GAI 指數（General Ability Index）。

圍繞 CEO 的一般管理能力，Custodio（2013）研究認為 CEO 一般管理能力與薪酬呈正相關關係。2016 年，Custodio 進一步探索 CEO 一般能力與企業創新的關係，他指出 CEO 一般管理能力對企業創新具有促進作用，即 GAI 指數越多，專利產出越多。此外他還指出一般管理能力強的 CEO 會更傾向於探索更廣的領域，他所在企業產出的專利更傾向於探索性專利。

（2）職業背景與企業創新。

由於 CEO 管理能力難以量化，國內外學者還鮮有考察 CEO 的管理能力對企業創新影響的。從 CEO 的職業經歷出發，也有一些研究討論到了 CEO 職業背景與企業創新的關係，研究可以概括成三個方面：第一，CEO 以前的職能部門；第二，CEO 是否有特殊的職業背景；第三，CEO 以前是否有擔任 CEO 的經歷。

首先，高管個人以前任職的職能部門會影響高管的思維模式，進而對高管制定戰略產生影響。巴克和穆勒（Barker & Muller，2002）發現，有銷售背景和技術專業背景的 CEO 對企業創新活動的開展持更積極的態度，他們更傾向於增加對企業創新的投資，而有法律或生產工作職業背景的 CEO 對企業創新活動的開展持更保守的態度。王學禮等（2013）也得出了類似的研究結論，他們認為，以銷售為導向的 CEO 會在之前的工作中直接聯繫客戶或競爭對手，因此這些 CEO 在制定決策時可能

更傾向於採取風險策略，願意開展企業創新活動；具有法律背景的 CEO 則更習慣於採用穩定和嚴格的程序方法，他們對風險的偏好較低，並傾向於減少研發投資。此外，有研究學者還認為，從事過多個職業的高管對企業創新持更積極的態度，因為多元的職業經驗有利於高管開闊視野，學習新的知識和技能，提高整體水準。這些高管可以更加充分地瞭解公司在管理決策時不同部門在工作中的不同流程，從而提高決策水準和決策效率。有學者的研究發現，跨多個部門的工作經驗將使 CEO 能夠以更具包容性的思維方式考慮問題，幫助減少執行團隊成員之間的人際衝突，促進團隊內部信息和知識的交流、分享並推動決策的執行。楊軍等（2011）研究認為，過去職位多元化的經理人擁有更多的經驗，能夠更好地領導公司實現更好的企業績效。克羅斯蘭（Crossland, 2014）提出「CEO 職業多樣性」，「CEO 職業多樣性」是對 CEO 繼任前的工作經歷的考察，是衡量 CEO 之前在不同職能部門、公司和行業工作經驗的指標。他以財富 500 強的 CEO 為樣本，探討 CEO 的職業多樣性與企業戰略決策的關係，研究認為 CEO 的職業多樣性可以促進企業戰略決策的多樣化。

其次，許多學者還關注到高管特殊職業背景對企業創新的影響。特殊職業背景主要是指海外工作背景和政治背景。陳爽英等（2010）通過實證研究發現，企業家的社會關係（銀行關係、協會關係和政治關係）對企業技術創新有重要影響，銀行關係與協會關係對創新傾向和創新投入有正向影響，政治關係對企業技術創新有負向影響。吳文峰等人（2009）認為，具有政府工作背景的高管對政府政策的變化更為敏感，他們可以利用在政府任職期間累積的社會資源，與政府部門進行更有效的溝通，以前的工作資源讓他們更容易獲得政府支持，使之在競

爭激烈的市場環境中為企業增加了商機。羅思平和於永達（2012）基於光伏產業的研究發現，高管具有海外教育背景或海外工作經歷，可以提升企業技術創新能力，加強企業知識產權保護力度，還會對周邊企業產生技術外溢效應，董事長和CEO的海歸背景對企業技術創新的促進作用更大。

4.5.2 CEO一般管理能力與企業創新

由上所述，CEO的職業經歷是其一般管理能力的綜合反應，CEO的職業背景越豐富，意味著CEO累積了越多不同職能部門、不同公司和不同行業的工作經驗。在進行企業管理時，CEO所儲備的知識更為廣泛與深入，他的一般管理能力會更強。

一般來講，一般管理能力更強的CEO更具冒險精神，他更傾向於改變公司的現狀，更傾向於拓展新業務、開拓新市場，因此傾向於突破和創新，更習慣於採取進取策略，更有可能抓住市場機會並推動公司的創新活動。另外，一般管理能力強的CEO具有豐富的行業經驗與職業經驗，豐富的經驗使他們能夠獲得更多的知識和技能，使他們更加警覺、靈活，也能更快速地進行信息處理，適應行業變化和企業戰略變革。最後，根據社會資本理論，工作經驗豐富的CEO能夠累積更廣泛的聯繫網絡和更豐富的社會關係網絡。外部社會關係可以為企業創新活動帶來一定的信息和資源優勢，內部社交網絡可以提高決策質量，使之有利於創新活動的發展。CEO的職業經歷越豐富，他累積的經驗越多，把控風險的能力也越強，同時，擁有豐富的職業經歷的高管，他所累積的社會網絡資源會更多元化，豐富的職業經歷也使得CEO個體的價值觀變得更包容與開放，在工作中有助於降低衝突概率，提高溝通效率和工作效率，在這樣的高管領導下的團隊更可能保持一致性，凝聚力更強，更可能

開展創新活動。基於以上分析，提出如下假設：

假設 2.1：CEO 一般管理能力對企業創新投入與產出有正向影響。

中國將專利分為三種：發明專利、實用新型專利、外觀設計專利，按照中國的專利分類，不同專利分類之間技術差異十分明顯，所帶來的價值也各不相同。有學者研究發現，所有授權申請的專利質量有高有低，部分專利數量很多的公司可能是由於存在大量低質量專利，擁有專利的數量不能反應出企業真正的創新產出情況。因此只用專利數量來衡量企業創新產出不夠全面，故本書將三種類型專利進行賦值，發明專利賦值為 5，實用新型專利賦值為 3，外觀設計專利賦值為 1，用此作為專利質量的衡量指標，以此來考察企業的創新質量，進而在假設 2.1 的基礎上，進一步考察 CEO 一般管理能力對企業創新質量的影響，提出如下假設：

假設 2.2：CEO 的一般管理能力對企業創新質量有正向影響。

4.5.3 股權特徵的調節作用

高管對企業的管理行為，還會受到企業面對的內外部環境的影響，就企業內部環境來說，不同的內部治理結構，會影響 CEO 一般管理能力對企業創新表現的作用機制。一般來說，企業的股權特徵往往被視為企業內部治理結構的表現。

從股權集中度來看，在不同的股權分佈下，股東對公司 CEO 的營運有不同程度的限制。當股權集中度過高時，企業的實際控制權往往掌握在一個或幾個股東手中，企業股東有較大可能介入企業高管的管理決策。因此，高管在業務管理和戰略決策過程中的話語權有可能受限。當股權集中度較低時，公司

沒有大股東掣肘，在這種情況下，高管實際上控制著企業的經營權，可以有效提高決策的效率和自主性。在研究股權集中度與企業創新之間的關係時，大量文獻表明，股權集中度對企業創新有負面影響。本書認為，當股權分散時，CEO 的決策較少受股東的限制，此時，他具有高度的自主權和影響力，他的戰略決策更容易實施。如果股權集中度很高，大股東在公司決策中處於有影響力的重要地位，為了自身利益，股東將干預或過度監管 CEO 的營運和管理，CEO 在企業決策過程中的影響力將被削弱。這可能會導致企業的決策權由股東控制，這將抑制 CEO 的一般管理能力對企業創新的積極影響。因此，本書提出如下假設：

假設 2.3：股權集中度對 CEO 一般管理能力與企業創新投入與產出具有負向調節作用。

假設 2.4：股權集中度對 CEO 一般管理能力與企業創新質量具有負向調節作用。

從股權制衡度來看，它指的是公司由幾個大股東共同控制，從而實現內部牽制，使任何一個股東都無法獨立控制公司決策，進而達到互相監督和制衡的效果。股權制衡度越高，股東之間互相制衡越強，從而能夠有效抑制大股東利益侵占的心理，有利於高管的管理決策。本書認為在股權制衡度較高時，合理分散股權，使股權保持適度均衡，大股東難以干涉 CEO 的經營決策，並且股東之間的相互制衡，更有利於 CEO 發揮一般管理能力開展創新研發，因此股權制衡度對企業創新具有正向調節作用。基於此，本書提出如下假設：

假設 2.5：股權制衡度對 CEO 一般管理能力與企業創新投入與產出具有正向調節作用。

假設 2.6：股權制衡度對 CEO 一般管理能力與企業創新質

量具有正向調節作用。

在中國，由於獨特的市場經濟體制，國有控股企業與非國有控股企業存在較大差異，國有企業占據著一定的社會資產與社會資源，擔負著幫助國家調節經濟的責任，政府意志和利益決定了國有企業的行為。在特殊的制度背景下，國有企業的高管並非真正意義上的職業經理人，他們大多具有政府官員和職業經理人的雙重身分，甚至在很多情況下作為政府官員身分的傾向性更為強烈（鄭志剛 等，2012；楊瑞龍 等，2013）。中國國有企業並未形成有效的經理人市場，高管選擇的主要模式是由體現控股股東意志的各級國資委來選擇任命，實際最終發揮作用的往往是政府主管領導的個人偏好。在國有企業中，CEO在行使決策權過程中會受到來自包括行政命令等更多方面的制約。因此，相對非國有企業，國有企業的 CEO 在職期間往往更追求企業的平穩發展，更加重視的是上級交給的行政任務，而不願意承擔企業創新帶來的風險。基於此，本書提出如下假設：

假設 2.7：國有企業會弱化 CEO 一般管理能力對企業創新投入與產出的正向影響。

假設 2.8：國有企業會弱化 CEO 一般管理能力對企業創新質量的正向影響。

5 高管政治背景與企業績效的理論框架

5.1 高管政治背景

參考眾多文獻，中國對政治資源的研究起始於 20 世紀 60 年代，不僅文章數量少，且方向單一，研究方向多偏向於民主政治方向，與政府執政有關。2004—2005 年，中國部分學者將政治資源與企業、經濟、財務、金融等方向聯繫起來，在 2011 年之後，有關政治資源與經濟方面的研究達到高潮，且一直持續到今天。從政治資源與經濟實體之間的關係角度看，政治資源可以分為兩種類型。一種為高管的政治背景，也稱作「政治關聯」，指在擔任企業高管之前或現在是否有擔任過政府官員、人大代表、政協委員的經歷，並以此作為高管政治背景的表徵，對於這種類型的政治資源將其定義為「直接的」「顯性的」政治資源；另一種為政治地理因素，如很多企業家儘管自身沒有政治身分，但他們很容易通過同鄉、同學等社會關係網絡建立起高管政治背景，我們將這種政治資源定義為「間接的」「隱性的」的政治資源（姜鈴，2014；蔡慶豐 等，2017）。

關於政治地理因素與經濟實體之間的研究文獻相對來說數量極少，有國外學者在 2012 年首次將政治地理因素與股票收益聯繫起來，中國學者則只研究了政治地理因素對企業成本、融資與擴張產生的影響（姜鈴，2014）及政治地理因素對創業板企業首次公開募股（IPO）成功率產生的影響（蔡慶豐 等，2017），兩者都只是在做試探性的研究，但是從近幾年有關政治資源與經濟實體之間關係的研究來看，中國絕大部分學者主要研究直接政治資源與經濟實體之間的關係，即多注重高管政治背景與經濟實體的聯繫。

目前有關高管政治背景的研究已很豐富，研究主要包括了高管政治背景對企業經營績效、對企業創新技術、對企業過度投資、對企業融資約束、對企業多元化經營、對企業盈餘質量等多個角度的影響效應。雖然研究內容廣泛，但由於研究內容不夠細化，部分研究問題的結論一直不能統一，例如有關高管政治背景對企業績效的影響，至今結論仍然不一致。部分學者對高管政治背景進行了更深入的細分，側重討論不同類型高管政治背景的影響差異，主要有考察政府型官員和委員型官員對企業 IPO 成功存在不同的影響（譚軍，2013；鄭建名 等，2017）；不同層級的官員對企業績效的影響會隨著層級的弱化而逐漸減弱（陳見麗，2014）；股東官員型、董事長官員型、獨立董事官員型（朱凱 等，2016）在企業中地位權力的大小對企業績效產生不同程度的影響，CEO 官員型和經理官員型也得到了一致的結論（雷海民 等，2012）；企業董事官員中的官員比例高比官員比例低對企業技術的阻礙更大（袁建國 等，2015）。

由上可見，在研究高管政治背景的影響效應時，不可忽略對高管政治背景度量的細分，尤其是在中國的社會主義經濟體制下，高管具有不同類型的政治背景對企業發展會有明顯的影

響差異。目前，較為通行的做法是將高管政治背景區分為政府型政治背景和委員型政治背景。

　　一般認為，兩種類型的政治背景下，高管擁有的社會資源和累積的知識經驗各具特色，對企業的影響會存在差異。委員型政治背景一般為企業「主動」獲得的或者是希望獲得的，這種政治背景除了能夠為企業帶來融資便利、稅收優惠和多元化發展的好處外，還能向外界傳遞良好的企業形象信號（吳文峰，2008）。而政府型政治背景一般為企業高管的一種經歷，在企業長期發展的過程中，對資本市場股價波動的影響有限（鄭建名 等，2017）。但是具有政府型政治背景的高管，因清楚政府部門的工作性質和流程，能充分利用其曾經或目前的人際關係，更好地與政府部門溝通，更容易建立和維持良好的關係，而委員型政治背景的高管通過人大代表、政協委員的身分與政府人員建立間接聯繫，這種影響對企業的經營績效可能不如有政府型政治背景的高管來得強烈，所以影響的效果會不同。因此，基於高管的委員型或政府型的政治背景，討論其對企業經營績效的影響效應及影響差異，是一個很複雜的問題。

　　由於單純的分析高管政治背景對某一個經濟實體的研究所得出的結論具有局限性，目前大多數學者在研究高管政治背景時會引入第三個變量，分析在某種條件下高管的政治背景對某個經濟現象的影響，例如在控制了對財務績效的影響後，不同類型的高管政治背景對企業社會責任影響會不同（張川 等，2014）；在不存在控股股東資金占用的情況下，政治背景能改善企業績效（潘紅波 等，2010）等，隨著近幾年的發展，這種引入第三個變量去分析高管政治背景對實體經濟影響的研究方法逐步得到大多數學者的認可，本書也是基於此思想，分析高管政治背景、管理層收購上市公司與企業績效三者之間的關係。

5.2 企業績效的測度

　　企業的經營績效是最受關注的方面，企業發展的最終目的體現在經營績效的提升。有關企業績效研究的文獻種類繁多，研究內容豐富深入。就企業績效的度量，學者界對此有不同的思路。

　　從評價主體角度看，陳共榮、曾峻（2005）認為企業績效可按一元評價主體、二元評價主體和多元評價主體來分，相應的度量企業績效的目標與方法分別為：一元利潤最大化，度量指標為企業利潤；二元股東財富最大化，典型的度量方法是杜邦分析法；三元企業價值最大化，典型的度量方法有平衡計分卡法、經濟增加值法等。

　　從評價內容來看，王化成、劉俊勇（2004）認為企業績效可以分為財務模式［評價指標為財務指標、會計基礎、投資回報率（ROI）、淨資產收益率（ROE）］、價值模式［評價指標為修正的財務指標、市場基礎、經濟附加值（EVA）］、平衡模式（評價指標為多維業績指標、利益相關者基礎、財務指標與非財務指標）。

　　從評價方法入手，孫培東（2014）總結了財務績效和市場績效常用的方法和指標，他認為財務績效分析方法有杜邦分析法、EVA 和會計研究方法，市場績效有事件研究法和事件時間法，事件研究法強調某一事件對企業績效的影響，事件時間法又可以分為累計超額收益率（CAR）和持有期超額收益率（BHAR）。

　　從評價時限來看，學術界普遍認為企業績效可以區分為長

期績效和短期績效，認為度量企業長期績效的指標主要有投資效率、每股收益、淨利潤增長率、資產回報率、長期持有收益率、持有期超額收益率、托賓 Q 值等；度量企業短期績效的指標主要有兩類，一類是會計類指標，有市盈率和淨資產收益率、資產收益率等，另一類是市場類指標，有股價變動率、市場收益率等。

綜上所述，關於企業績效的度量方法有很多，但不論是從哪種角度度量，都需要結合研究的對象選擇合適的度量方法。

5.3 管理層收購

管理層收購（Management buyouts，簡稱 MBO）是槓桿收購（LBO）的一種形式，是指目標公司的管理層利用借貸資本購買公司的股份，以改變本公司所有權結構、控制權結構、資產結構，進而達到重組公司的目的，並獲得預期利益的收購行為。

目前有關管理層收購企業的研究很豐富，主要是關注管理層收購對企業的治理結構以及對企業績效等方面的影響。

當企業實施管理層收購後，最為直接的變化是因股權結構變化而產生的所有權與經營權在一定程度上的統一，由此企業治理結構也將發生相應的變化，最明顯的影響見表 5.1。

表 5.1　MBO 對企業治理結構變化的影響

企業治理結構變化	MBO 前	MBO 後
內部制衡機制的變化	①所有權、決策權、經營權和監督權相互獨立；②企業內部的制衡機制由外部第三方制衡	①管理層團體或個人持股；②所有權、決策權、經營權和監督權四位一體；③企業內部的制衡機制轉變為自我制衡
委託代理層級鏈和代理成本的變化	①委託代理層級鏈多，代理成本高；②沒有戰略投資者與管理者之間的衝突，相應就沒有決策與經營成本	①委託代理層級鏈的減少，減少因委託代理過程中的監控成本、履約成本；②增加了戰略投資者與管理者之間的衝突，產生決策與經營成本
激勵與約束機制的變化	股東激勵與約束機制	激勵與約束機制逐步向自我激勵與自我約束轉變
股東間、管理層與員工間關係的變化	原有股東間主要表現為大股東通過轉移利潤、不分紅、關聯交易、為其提供擔保等方式變相侵占中小股東的利益	①管理層具有股東與管理者的雙重身分，加劇了原先股東間的信息不對稱程度，對中小股東的利益侵占會更加隱蔽；②因企業存量淨資產還包括原員工過去創造價值的部分累積，管理層借助特殊地位，通過降低淨資產的方式變相佔有員工創造的勞動價值，加劇管理者與員工之間的衝突
董事及管理層的職位剛性變化	股東與管理層間存在委託代理關係，管理層對企業經營狀況的好壞將由董事會對其進行考核並進行獎懲，在公司業績大幅度下滑的情況下，可能對管理層實行重構甚至更換首席執行官	管理者與股東合為一體，原先的外部考核與監督變為自我考核與自我監督，內部無人限制管理者權限，制度不健全的外界也無法有效監督，從而導致董事和管理層職位剛性化加劇

表5.1(續)

企業治理結構變化	MBO 前	MBO 後
獨立董事的地位與作用的變化	獨立董事代表中小股東利益，防止對中小股東利益的侵占，並防止內部人控制，從而提高董事會的獨立性	所有者與管理層融為一體，決策層和經營層合二為一，加劇了管理層與獨立董事間的信息不對稱程度

可見，對於 MBO 企業，企業管理層由最初的經營者變為企業所有者，這種身分的轉變使企業治理結構發生了顯著變化，從而必然會對企業績效產生影響。目前大部分文獻是將 MBO 企業和非 MBO 企業進行對比，研究 MBO 上市企業對企業績效的影響。嚴宇芳（2016）認為短期內 MBO 的確能夠促進公司財務績效增長，但隨著 MBO 的成功、企業經營時間的增長，MBO 對公司財務績效的促進作用會逐漸降低，顯現的效果不再明顯，甚至造成惡化的情況。王建平和李自然（2015）研究發現管理層收購能夠在股權分置改革後長時間內，不僅能全面提升企業淨利潤、企業規模等績效表現，還能改善企業資產收益率和淨資產收益率等盈利能力指標。由此可以看出，MBO 對企業長短期績效的影響是不確定的，需要進行深入分析。

此外將 MBO 上市企業作為一個條件，分析政治資源對 MBO 上市企業績效的影響則少有人研究，因為實行 MBO 後，上市企業的管理層身分變換後，管理層可能會更多地出於自身利益考慮，其管理目標、管理策略等會發生變化。潘紅波和餘明桂（2010）認為，擁有政治資源的管理層在公司所占股權比例的大小會對企業績效產生不同影響。因此，當公司實行 MBO 後，公司的管理層由原來的經營者變為所有者後，有政治資源的管理層對企業績效的影響與沒有政治資源的管理層對企業績效的影

響是否會不同，這是一個值得研究的課題。本書基於 MBO 企業研究高管的政治背景對企業績效的影響。

5.4 理論分析與研究假設

5.4.1 高管政治背景與企業績效

目前國內外關於高管政治背景對企業績效影響的研究文獻數量眾多，但卻眾說紛紜，主要有三種結論：一是企業的高管政治背景會抑制企業績效（王慶文 等，2008；克萊森斯 等，2008；梁萊歆 等，2010）；二是高管政治背景會對企業績效產生正向效應（法喬 等，2005；李 等，2006；衛武，2006）；三是高管政治背景對企業績效沒有顯著影響（吳文峰 等，2008；曾萍 等，2012）。

此外，也有學者發現高管政治背景與企業績效的關係受到了其他因素的調節，潘紅波和餘明桂（2010）認為若不存在控股股東資金占用的情況下，政治背景能改善企業績效，但是若存在控股股東資金占用的情況，政治背景對企業經營績效的影響就會不顯著；李莉等（2009）認為緊密的高管政治背景能提高企業的績效表現；薛有志等（2009）認為民營企業擁有的政治資源越豐富，其多元化程度就越高，相應的企業績效表現就越好；張川等（2012）認為委員型高管政治背景正向作用於企業財務績效，然而政府型高管政治背景會降低企業的財務績效。

綜上所述，中國學者關於高管政治背景對企業績效影響的結論不一，本書認為主要原因是高管政治背景對企業績效的影響還會受到其他因素的調節與制約，需要在給定的背景條件下，

才能有效地考察兩者的關係。此外，目前的相關研究均沒有涉及擁有政治背景的高管在企業中的角色轉換，當高管由原來的企業管理者變為企業所有者之後，他們所擁有的資源必然會對企業績效帶來不同影響。故本書研究高管的政治背景對企業績效的影響，並將高管的企業背景設置為 MBO 上市企業，以此深入分析擁有政治背景的高管在企業中完成角色轉換時，企業績效的變化，以此剝離可能存在的對兩者關係產生制約的其他影響因素。

5.4.2 管理層收購、高管政治背景與企業績效

高管政治背景對於企業來說，是可以挖掘的隱形財富，而企業選擇管理層收購的上市方式，又是企業高管實行權力轉換的重要途徑之一，當擁有政治背景的企業高管同時又對企業經營有話語權時，在高管的政治背景對企業績效的影響與管理層收購對公司治理結構的影響兩者的共同作用下，企業的績效會有不同表現。其中，有學者認為擁有政治資源的管理層在公司所占股權比例的大小會對企業績效產生不同影響（潘紅波 等，2010）。儘管這些高管的股權在變化，但是終究是企業的管理者，還不是所有者，其經營目的可能會與企業發展目標發生衝突，但是如果企業實行 MBO，管理層就會由經營者變為所有者，如前所述，身分角色的變化，會使整個企業的治理結構發生根本性變化，這時高管政治背景的影響效應可能也會發生逆轉。

基於管理層收購對公司治理機制的特殊影響，一方面，一些經營不善和組織架構需要調整的企業就希望通過管理層收購去改善企業的績效，所以管理層收購的成敗對其來說就顯得較為重要，一旦管理層收購成功，管理層就會擁有決策管理權和

決策控制權，企業營運效率可以得到大幅提高。另一方面，當管理層實現經營權與所有權在一定程度上的統一時，管理層個人利益與公司利益也會達到一定程度上的統一，管理層不僅不會藏匿個人的資源優勢，反而會充分發揮自己的潛能，致力於企業創新，著眼於企業的長期發展。

此外，由於企業實施管理層收購時，實施收購的管理層會進行高額的舉債，因此會增加收購完成後企業的償債壓力，此時管理層不得不積極開展高利潤、高附加值的業務，以使企業能在還本付息的同時，還能滿足自身現金流的需求。同時管理層也會對營運資金進行科學化管理，以期降低企業的財務費用和負債水準。與此同時，企業實施管理層收購後，管理層對公司剩餘控制權和剩餘索取權擁有較大的話語權，會自發地強化自我約束，加之來自金融機構、政府部門等外界力量的監督約束，管理層的行為約束機制會進一步加強。於是在企業決策體制、激勵機制與約束機制三方面的共同影響下，管理層收購企業後，企業績效可能會得到改善。

國外學者（莫克爾 等，1988）的築圍論認為，持有較多股份的管理層會有足夠的能力去鞏固自己的管理地位，從而忽視其他股東的利益，可能因更加富有而減少利潤最大化的努力，所以部分管理者持股短期內會導致公司經營績效降低。從隧道效應出發，有學者認為，管理層可以通過關聯交易為自己謀私利，從而損害公司價值和其他股東利益。所以短期內，管理層在獲得公司絕對控制權並謀取個人私利後就會轉手公司股份，影響公司發展。

從尋租理論出發，在一些資源比較落後的地區，企業為追求發展，獲得更多的政府資源和福利優惠等利益，往往會花費

高額成本去尋求政治關聯，最後反而會因為高額的尋租成本而影響企業的經營績效；同樣，在一些資源比較豐裕的地區，如果政府的資源分配的權力很大，而為了維護和提高企業產品質量的難度較大，企業同樣會熱衷於尋求政治背景，而不是提高競爭能力，在頻繁地追求政治背景過程中，企業會產生高額的尋租成本而影響企業的經營績效（楊其靜，2011）。從過度投資理論出發，當企業高管擁有政治背景時，企業的管理層會因為監管機制的不完善，利用自身的政治背景優勢為自己謀私利，從而產生政治腐敗，引起過度投資行為，進而影響企業的經營績效。

綜上所述，企業在實施管理層收購前，企業面臨著經營不善、營運效率低下和創新動力不足等壓力，而此時如果企業一味尋求政治背景，反而會產生高額的尋租成本從而影響企業的發展。但是當企業完成管理層收購後，擁有政治背景的企業管理層由原來經營者變為所有者，不僅減少了企業的尋租成本，而且在企業決策體制、激勵機制與約束機制三方面的共同影響下，經營績效可能會有所改善。此外，基於高管委員型政治背景和政府型政治背景的不同作用機制，企業績效也會有不同表現。基於此，本書提出如下假設：

假設3.1：高管政治背景對企業管理層收購前後的經營績效會有不同影響。

在中國的社會關係中，企業高管自身攜帶的政治背景又是極為重要的資源，中國眾多學者對於企業的績效與企業政治資源的研究層出不窮，但是大多從企業的整體角度出發，沒有考慮企業中攜帶政治背景的高管的地位變化對企業績效的影響會是不同的結果。根據中國國有企業隱形優勢的假設，企業經營

者無權分享企業創造的財富，導致國有企業經營者缺乏積極性和主動性。這些在國有企業工作的高管為了分享企業創造的財富，他們可能會利用自己的政治背景優勢，積極主動的實現自我身分的轉變，而企業一旦被管理層收購後，管理者身分發生改變，由企業的經營者變為所有者，就有可能獨享企業所創造的財富，所以擁有政治背景的高管更有可能實行管理層收購。

另根據代理理論與企業家才能說，國外學者詹森（Jensen, 1993）指出當企業的激勵機制不完善時，擁有豐富背景的企業管理層會做出不利於企業利益最大化的決策，甚至會做出有損企業利益的行為，而擁有政治背景的管理層則會另尋出路，借助自身的政治背景優勢收購企業，成為企業的擁有者。邁克．萊特（Mike Wright, 2001）提出的「企業家精神說」在研究企業管理層收購的成敗時，也強調了不同背景管理層的管理風格是企業管理層收購能否成功的關鍵因素之一，其強調擁有政治背景的管理層會降低企業管理層收購的政治成本，是管理層收購成功的有利條件之一。

當進行企業收購的高管擁有政治背景時，擁有政治背景的高管由原來的經營者變為管理者，一方面可以減少企業因尋求政治關聯帶來的尋租成本，減少企業因政治關聯而產生的過度投資和非效率投資等，大大降低了企業的政治成本，另一方面企業也會因為獲得的政治優勢為企業帶來融資便利、政府救濟和補貼、稅收優惠及市場影響力等方面的利益，且這種優勢一般會維持很久（鄧建平 等，2009）。綜上所述，當企業高管擁有政治背景時，會促進企業完成管理層收購，進而會通過管理層收購完成身分的轉變，利用自身的地位優勢和政治背景優勢，改善和促進企業的經營績效。基於此，本書提出以下假設：

假設 3.2：管理層收購成功的企業，更有利於發揮高管的政治背景對企業長、短期經營績效的促進作用。

高管政治背景一般區分為政府型背景和委員型背景。兩種類型的政治背景作用機理不同，對企業的經營績效的影響也就不一樣。兩種類型的政治背景的具體作用和機理，前文已有詳細論述，此處不再贅述。基於此，本書再提出如下假設：

假設 3.3：不同類型的高管政治背景對管理層收購成功的企業的長、短期經營績效會有不同影響。

二、實證篇

6 研究設計

6.1 高管金融背景與企業金融化

6.1.1 變量設計

（1）企業金融化——被解釋變量。

根據已有研究，本書將企業金融化定義為企業的資金營運逐漸脫離產品和要素市場，企業依靠金融市場獲得短期投機收益，投資更多的資本在債券、股票或者其他金融產品中，僅用很少的資本在日常生產經營活動的現象。而企業的這類金融活動參與體現於財務報表中，主要包括金融資產和金融收益。所以，本章在當前財務報表體系下，將從收益和投資的視角來衡量企業的金融化程度，體現目前中國非金融上市企業的金融化程度。因此，本部分將試圖從資產及收益的角度建立指標，對企業金融化程度進行研究。

企業能夠把總資本用於經營性投資或金融投資，最終作為持有金融資產體現在財務報表中。所以，企業持有的金融資產比例能夠直接反應企業的金融化程度。根據金融化的定義，非金融企業的金融化本質上是獲取金融投資收益。然而企業持有

應收款項與貨幣資金是為了維持與輔助日常的生產經營活動，通常不會使企業增加價值。所以在衡量金融化程度時，不應把為支持生產經營活動而不是為獲取金融利益而持有的金融資產納入指標。所以，用於計量資產金融化程度的金融資產，是指為取得投資收益而持有的金融資產。此外，企業實現金融化的另一種形式是設立金融子公司。所以，企業持有的金融子公司的資產應當作為指標中金融資產的組成部分。

金融資產＝交易性金融資產＋應收利息＋應收股利＋債權投資＋其他債權投資＋其他權益投資工具＋長期股權投資＋金融子公司資產

繼而我們得出衡量企業的金融化程度的指標：

企業的金融化程度＝金融資產/總資產

企業從事金融投資和實體投資的最終目的都是為了獲得收益，實現經營利潤的最大化。在傳統財務報表中，營業利潤的計算公式為：

營業利潤＝營業收入−營業成本−稅金及附加−銷售費用−管理費用−財務費用−資產減值損失＋公允價值變動收益＋投資收益

因為本研究主要討論的是企業金融化，企業的投資行為（包括對內投資和對外投資）劃分成實體投資和金融投資，對應的收入反應在實體收入和金融收入中。所以，在探索金融收入占營業利潤的比重構成前，需要適當地調整營業利潤的計算公式。因為企業金融投資產生的投資收益，往往在利潤表中表示成淨收益，所以已經扣除投資過程中的費用，即使沒有扣除，相應的費用也往往可以忽略不計。所以，調整後的營業利潤計算公式為：

營業利潤＝（營業收入−營業成本−稅金及附加−銷售費用−管理費用−財務費用−資產減值損失）＋（公允價值變動收益＋投資收益）＝實體收益＋金融收益

由此可知，金融收益主要是投資收入和公允價值變動損益，而實體收益主要包括相關期間費用和企業營業毛利的淨值。在適當調整了企業的經營利潤後，從利潤表來看，能夠用金融收益與營業利潤所占比例來探索營業利潤的構成，由此對企業的金融化水準進行研究。金融收益比例計算公式如下：

收益金融化程度＝金融收益/（實體收益＋金融收益）

（2）高管金融背景——解釋變量。

本書主要研究企業高管團隊的金融背景對企業金融化程度的影響，如果高管有商業銀行、保險公司、證券公司、投資管理公司、基金公司以及政府金融監管機構等的工作背景，則該取值為1，否則取值為0，最終計算出整個高管團隊金融背景的平均值，這個平均值為該企業該年高管金融背景的衡量指標。

（3）要素密集度——調節變量。

本書通過相關指標分別將2011—2017年各年的樣本企業聚類成資本密集型、技術密集型、勞動密集型三大部分，然後將各年的聚類結果匯總，便得到所有樣本企業不同時期的要素密集度情況。

（4）控制變量。

根據已有文獻，本書分別控制了公司規模（Lnsize）、財務槓桿（Lev）、資產淨利潤率（Roa）、固定資產占比（Fixed）、企業年齡（Lnage）、研發投入率（Rd）、第一大股東持股比例（Big1）及托賓Q值（TobinQ）等變量。具體變量的詳細定義見表6.1。

表 6.1　主要變量定義

變量類型	變量名稱	符號	變量定義
被解釋變量	資產金融化	Fin1	以企業當年金融資產與期末總資產的比重來表示金融化程度
	收益金融化	Fin2	以企業當年金融收益與利潤總額的比重來表示金融化程度
解釋變量	高管金融背景	FinBg	高管具有金融背景則取1，沒有則取0；計算高管團隊的平均值
調節變量	技術密集型	TecDum	根據聚類結果分類，技術密集型企業變量取1，否則取0
	資本密集型	CapDum	根據聚類結果分類，資本密集型企業變量取1，否則取0
	勞動密集型	WorDum	根據聚類結果分類，勞動密集型企業變量取1，否則取0
控制變量	公司規模	Lnsize	期末總資產取自然對數，表示公司規模
	財務槓桿	Lev	期末總負債與總資產之比，表示公司資本結構
	資本淨利潤率	Roa	淨利潤與期末總資產之比，表示企業經營淨利潤率
	固定資產占比	Fixed	期末固定資產與總資產之比，表示企業資本密集度
	企業年齡	Lnage	當年減去公司註冊年加1並取自然對數，表示企業年齡
	研發投入率	Rd	研發投入與營業收入之比，表示公司研發投入率
	第一大股東持股比例	Big1	第一大股東持股占公司所有股權的比例
	托賓 Q 值	TobinQ	反應了公司的內在價值與市場價值之間的關係

6.1.2 模型設定

本研究在要素密集度異質性的條件下，檢驗企業高管的金融背景與企業金融化程度的關係，並研究企業高管的金融背景與企業金融化的關係在不同要素密集型企業的表現。

第一步，用面板迴歸方法估計方程（6.1.1），直接估計企業高管的金融背景與企業金融化程度的關係。

$$Fin_{i,t} = \beta_0 + \beta_1 \times Fin\_bg_{i,t} + \sum \alpha_n \times Controls_{ni,t} + \varepsilon_{i,t} \tag{6.1.1}$$

第二步，本研究將按照企業要素密集度的不同將樣本劃分為技術密集型企業、資本密集型企業、勞動密集型企業以及其他密集型企業四個子樣本，考察不同要素密集型企業其企業金融化水準是否顯著不同。為此，用面板迴歸方法估計方程（6.1.2），在要素密集度異質性條件下檢驗企業金融化水準的差異。

$$Fin_{i,t} = \beta_0 + \beta_1 \times TecDum_{i,t} + \beta_2 \times CapDum_{i,t} + \beta_3 \times WorDum_{i,t}$$
$$+ \sum \alpha_n \times Controls_{ni,t} + \varepsilon_{i,t} \tag{6.1.2}$$

第三步，基於以上分析，本書檢驗完高管金融背景與企業金融化的關係之後，接著檢驗要素密集度對企業高管的金融背景與企業金融化水準兩者之間的關係是否具有調節作用。為此，建立方程（6.1.3）如下：

$$Fin_{i,t} = \beta_0 + \beta_1 \times Fin_{bg\,i,t} + +\beta_2 \times TecDum_{i,t} + \beta_3 \times CapDum_{i,t} +$$
$$\beta_4 \times WorDum_{i,t} + \gamma_1 \times Fin_{bg\,i,t} \times TecDum_{i,t} + \gamma_2 \times Fin_{bg\,i,t} \times CapDum_{i,t}$$
$$+ \gamma_3 \times Fin_{bg\,i,t} \times WorDum_{i,t} + \sum \alpha_n \times Controls_{ni,t} + \varepsilon_{i,t} \tag{6.1.3}$$

6.1.3 樣本選擇與數據來源

由於企業金融化大多在大中型非金融企業發生，而上市公

司是大中型企業的代表，因此本研究的原始數據樣本為2011—2017年A股上市企業。接下來，根據本書的需要，處理原始數據：首先，剔除特別處理（ST）、＊ST的上市企業和金融類的上市企業；其次，剔除部分數據缺失的樣本；最後，選取1,759個企業作為研究對象，樣本選擇的時間跨度為2011—2017年。本書通過對所有除虛擬變量外的連續變量進行上下1%的截尾（Winsorize）處理，來剔除異常值對迴歸結果穩健性可能產生的影響。所有數據來源於萬得（Wind）數據庫、中國經濟金融研究（CSMAR）數據庫以及相關企業年報。

6.2　高管管理能力與企業創新

6.2.1　變量設計

（1）企業創新——被解釋變量。

就企業創新而言，本書從企業的創新投入、創新產出與創新質量三個方面展開研究。

①創新投入：對於創新投入的衡量，國內外學者主要從研發支出和研發人員兩方面進行設定，本書利用創新的研發支出/主營業務收入進行衡量，該變量符號記作 *Invest*。

②創新產出：企業創新產出的重要標誌就是專利數量，所以本書用專利數量衡量企業創新產出，該變量符號記作 *Patents*。

③創新質量：中國申請授權的專利有三種，分別為：發明專利、實用新型專利、外觀設計專利，這三種專利的申請難易程度不一樣，產生的價值也不一樣，所以對這三種類型的專利不能一概而論，本書將這三種不同類型專利分別賦值，發明專

利取值為 5，實用新型專利取值為 3，外觀設計專利取值為 1，分別計算每種專利的數量，進行加權計算算出總分，用來衡量創新的質量。該變量符號記作 *Quality*。

（2）CEO 一般管理能力——解釋變量。

如前文所述，CEO 一般管理能力是本部分研究的解釋變量，本書參照庫斯托迪奧（Custodio）等人（2013）在探究 CEO 一般管理技能對薪酬的影響時的做法，構造 GAI 指數作為測量 CEO 管理技能的指標。

GAI 指數主要包括五個方面的內容：X_1 是 CEO 在其職業生涯中的不同職位數量；X_2 是 CEO 工作過的公司數量；X_3 是 CEO 工作過的行業數量；X_4 是一個虛擬變量，如果一個 CEO 以前在另一個公司擔任過 CEO 職位，則取值為 1；X_5 也是一個虛擬變量，如果一個 CEO 兼任另一個公司董事會成員則取值為 1。將這五個變量利用主成分分析法綜合成一個變量 GAI 指數，利用 GAI 指數實現對 CEO 一般管理技能的測量。

（3）股權特徵——調節變量。

企業的股權特徵作為研究高管管理能力與企業創新的調節變量，本書從三個方面予以測度：

①股權集中度：查看現有研究文獻，對於股權集中度的衡量指標大多數學者選擇第一大股東持股比例、前 N 大股東持股比例、赫芬達爾指數以及 Z 指數。根據現有研究，本書選擇第一大股東持股比例作為衡量股權集中度的指標，該變量符號記為 $CR1$。

②股權制衡度：股權制衡度主要指公司控制權掌握在不止一個大股東手裡，通過幾個大股東的相互制約，任何股東都不能對經營決策單獨控制。關於股權制衡度的衡量，現有文獻主要是用第二至第 N 大股東持股比例之和與第一大股東持股比例

的比值作為度量股權制衡度的指標。所以本書用第二至第十大股東持股比例之和與第一大股東持股比例的比值作為度量股權制衡度的指標，該變量符號記為OCP。

③股權性質：這是一個虛擬變量，不同所有制企業因股權性質差異而具有不同的創新表現。根據股權性質，企業分為國有控股企業與非國有控股企業，國有控股企業記為1，非國有記為0，該變量符號記為Ownership。

（4）控制變量。

本部分從以下幾個方面構建控制變量：

①CEO年齡：CEO年齡在一定程度上能體現出不同個體在身體素質、精神狀態、經驗能力、經歷閱歷等方面的差異，是能夠影響CEO對企業風險決策偏好程度的重要指標。李淼（2006）以上市民營企業作為研究樣本，發現高管年齡與其風險偏好呈負相關關係。本書將CEO年齡作為一個控制變量，該變量符號記為Age。

②CEO薪酬：巴爾金（Balkin，2000）通過研究高管薪酬以及企業創新活動，發現CEO薪酬與企業研發投入有正相關關係，所以本書將薪酬取對數作為控制變量之一，該變量符號記為Salary。

③托賓Q值：本部分我們用托賓Q值衡量企業價值，不同企業價值對企業創新表現有不同影響，所以將托賓Q值作為控制變量，符號記為Q。

④財務槓桿：創新具有很大的不確定性，企業的研發活動有很大的風險，根據現有研究文獻，企業的資本結構會對企業創新戰略選擇產生影響，企業負債過高，會傾向於減少研發投入，而企業負債率低的時候會傾向於加大研發投入，所以本書將資產負債率作為控制變量，該變量符號記為Leverage。

⑤公司規模：企業規模在一定程度上反應了企業可以使用的資源量，大型企業普遍擁有更多的資源。根據以往的研究，公司規模與企業創新呈正相關關係。根據慣常的做法，我們使用年末總資產的自然對數來衡量公司規模，該變量符號記為 Size。

⑥年份：為控制宏觀經濟政策或市場變化對企業當年創新戰略的影響，我們控制了年度，該變量符號記為 Year。

綜上所述，本部分的變量定義如表 6.2 所示。

表 6.2　變量的定義

變量類型	變量名稱	變量符號	變量說明
被解釋變量	創新投入	Invest	企業研發支出/主營業務收入
	創新產出	Patents	企業申請授權的專利數量
	創新質量	Quality	企業三種專利加權： 發明申請×5+實用新型×3+外觀設計×1
解釋變量	CEO 一般管理能力	GAI	CEO 一般管理能力指數
調節變量	股權集中度	CR1	第一大股東持股比例
	股權制衡度	OCP	第二至第十大股東持股比例之和與第一大股東持股比例的比值
	股權性質	Ownership	國有為 1，非國有為 0
控制變量	CEO 年齡	Age	CEO 年齡
	CEO 薪酬	Salary	CEO 報告期薪酬取對數
	托賓 Q 值	Q	托賓 Q 值
	財務槓桿	Leverage	資產負債率
	公司規模	Size	企業年末總資產
	年份	Year	設置成虛擬變量

6.2.2 模型設定

本書基於研究理論和文獻綜述，針對研究假設構建四組迴歸模型，如下所示：

第一組模型用以驗證 CEO 一般管理能力對企業創新表現的影響。

$$Invest_{it} = \beta_0 + \beta_1 GAI_{it} + \sum \beta_i Control_{it} + \varepsilon_{it}$$

$$Patents_{it} = \beta_0 + \beta_1 GAI_{it} + \sum \beta_i Control_{it} + \varepsilon_{it}$$

$$Quality_{it} = \beta_0 + \beta_1 GAI_{it} + \sum \beta_i Control_{it} + \varepsilon_{it}$$

第二組模型用以驗證在股權集中度的調節作用下，CEO 一般管理能力對企業創新表現的影響。

$$Invest_{it} = \beta_0 + \beta_1 GAI_{it} + \beta_2 CR1_{it} + \beta_3 GAI_{it} \times CR1_{it} + \sum \beta_i Control_{it} + \varepsilon_{it}$$

$$Patents_{it} = \beta_0 + \beta_1 GAI_{it} + \beta_2 CR1_{it} + \beta_3 GAI_{it} \times CR1_{it} + \sum \beta_i Control_{it} + \varepsilon_{it}$$

$$Quality_{it} = \beta_0 + \beta_1 GAI_{it} + \beta_2 CR1_{it} + \beta_3 GAI_{it} \times CR1_{it} + \sum \beta_i Control_{it} + \varepsilon_{it}$$

第三組模型用以驗證在股權性質的調節作用下，CEO 一般管理能力對企業創新表現的影響。

$$Invest_{it} = \beta_0 + \beta_1 GAI_{it} + \beta_2 OCP_{it} + \beta_3 GAI_{it} \times OCP_{it} + \sum \beta_i Control_{it} + \varepsilon_{it}$$

$$Patents_{it} = \beta_0 + \beta_1 GAI_{it} + \beta_2 OCP_{it} + \beta_3 GAI_{it} \times OCP_{it} + \sum \beta_i Control_{it} + \varepsilon_{it}$$

$$Quality_{it} = \beta_0 + \beta_1 GAI_{it} + \beta_2 OCP_{it} + \beta_3 GAI_{it} \times OCP_{it} +$$

$$\sum \beta_i Control_{it} + \varepsilon_{it}$$

第四組模型用以驗證在股權制衡的調節作用下,CEO 一般管理能力對企業創新表現的影響。

$$Invest_{it} = \beta_0 + \beta_1 GAI_{it} + \beta_2 Ownership_{it} + \beta_3 GAI_{it} \times Ownership_{it} + \sum \beta_i Control_{it} + \varepsilon_{it}$$

$$Patents_{it} = \beta_0 + \beta_1 GAI_{it} + \beta_2 Ownership_{it} + \beta_3 GAI_{it} \times Ownership_{it} + \sum \beta_i Control_{it} + \varepsilon_{it}$$

$$Quality_{it} = \beta_0 + \beta_1 GAI_{it} + \beta_2 Ownership_{it} + \beta_3 GAI_{it} \times Ownership_{it} + \sum \beta_i Control_{it} + \varepsilon_{it}$$

6.2.3 樣本與數據

本書以 2011—2016 年的所有上市企業作為研究樣本,並做出如下篩選:①剔除沒有公布專利數量、種類的企業;②剔除上市不滿一年的企業;③本書要考慮 CEO 的背景,所以將 CEO 相關數據嚴重缺失的企業剔除;④由於金融企業與非金融企業差異較大,所以剔除金融保險業;⑤剔除特別處理(Speial Treatment,ST)、＊ST(連續三年虧損,交易所做出退市預警)企業。

考慮到在中國,CEO 制度作為一項還不成熟的公司治理制度,更多的是只有制度的外在形式,而沒有制度的本質。2002年,學者仲繼銀針對「誰是上市企業 CEO」的問題展開研究,通過對中國上市企業治理結構進行調查,他將研究結果歸納為以下三種情況:第一種,企業董事長和總經理為同一人時,企業執行權與決策權均為一人所有,則認為 CEO 就是此人;第二種,如果企業董事長與企業總經理不是一人,且董事長日常不在企業管理事務,則認為企業 CEO 為總經理;第三種,如果董

事長與企業總經理不是一人，但董事長日常會在公司上班，此時需要看董事長與總經理誰的權利更大，誰的權利更大則認為誰是CEO。一般實際中，董事長權利會高於總經理權利。雖然學者仲繼銀在他的文章中沒有將CEO的具體職責明確提出來，但是通過他的調查結果我們可以將CEO的管理職責概括為無論是什麼職務稱謂，這個人都負責企業主要營運活動、對企業整個經營活動進行決策權。根據這個標準，除了字面上的CEO外，本書還將總經理、總裁作為研究對象。

本部分研究數據來自CSMAR數據庫、Wind數據庫以及CEO背景數據，利用企業年報補充缺失數據，盡量擴大樣本。專利數據從CSMAR數據庫獲取，佐以中國專利信息網的數據，力求數據真實有效。

6.3　高管政治背景與企業績效

6.3.1　變量設計

（1）企業績效——被解釋變量。

本部分將企業績效區分為企業長、短期績效。關於企業績效的度量，當前研究文獻一般將資產報酬率（ROA）作為企業短期效益的衡量指標，將淨利潤增長率（NPG）作為企業長期績效的衡量指標，可以避免企業資本結構的影響。

其中，資產報酬率（ROA）的計算公式及分解如下所示。

資產報酬率(ROA)
=息稅前利潤/平均總資產
=(利潤總額+利息支出)/平均總資產

$$= \frac{企業總產值}{平均總產值} \times \frac{銷售收入}{企業總產值} \times \frac{稅前利潤}{銷售收入} \times \frac{息稅前利潤}{稅前利潤}$$

= 生產效率×銷售效率×銷售利潤率×財務槓桿系數

可見，資產收益率這一指標包含了企業盈利水準、財務槓桿、生產效率和銷售效率等信息，能有效地刻畫企業的短期績效。

就企業長期績效的測度，王建平和李自然（2015）、蔣婷蕾（2014）等學者則認為度量企業長期績效指標有投資效率（採用非投資效率度量，如投資不足和投資過度）、每股收益、淨利潤增長率、資產回報率、長期持有收益率（BHR）、持有期超額收益率（BHAR）、托賓Q值等。這些長期指標的選取需要根據研究對象的不同而選擇相應的度量指標。本部分研究的是管理層收購企業在高管政治背景的影響下的績效表現，在參考王建平和李自然（2015）、吳後寬（2012）的文章後，我們選取淨利潤增長率（NPG）作為企業長期績效的度量指標。

淨利潤增長率（NPG）的計算公式及分解如下所示。

淨利潤增長率(NPG)

=（淨利潤增長額÷上年淨利潤）×100%

=［（本年淨利潤－上年淨利潤）÷上年淨利潤］×100%

可見，淨利潤增長率這一評價指標能避免企業資本結構的影響，直接刻畫企業的盈利水準，能有效反應企業的長期績效。

（2）解釋變量。

①管理層收購（MBO）。

本書以上市企業完成管理層收購的當年為準，成功的取值為1，失敗的取值為0。完成當年的時間為 T，實施MBO前三年分別為 $T-3$、$T-2$、$T-1$，後7年時間分別為 $T+1$、$T+2$、$T+3$、$T+4$、$T+5$、$T+6$、$T+7$。其中實施MBO後的3年（包括完成實施MBO的當年）作為短期研究數據，實施MBO後的第4年到

第 7 年作為長期研究數據。

關於收購後長、短期的時間區分，本書主要參考了學者王建平和李自然（2015）、周菁和劉怡辰（2018）以及張鯤澎（2018）等的做法。較多學者在研究企業短期績效時多採用的是以事件發生後 2~3 年的數據作為研究樣本，部分學者在研究企業長期績效時則選擇事件發生第 4 年以後的數據作為研究樣本，這樣劃分是因為在事件發生的三年內其短期波動影響效果會逐漸削弱甚至消失，一般在事件發生 4 年後多為長期波動影響。故本書也依照此類劃分，選擇實施 MBO 後的 3 年（包括完成實施 MBO 當年）作為短期研究數據，實施 MBO 後的第 4 年到第 7 年作為長期研究數據。

②管理層的持股比例（Mahd）。

關於管理層持股比例的度量，按照中國學者的度量方法，本書的度量方法是將管理層持股數與總股本的比值作為解釋變量，與 MBO 成敗變量一起反應管理層的持股變化。

（3）控制變量。

本書在參考眾多文獻後，選取了如下控制變量：公司成長性（Growth，用營業收入增長率來度量）、企業規模（Size，用企業的資產總計來度量）、淨資產收益率（ROE）、公司年度資本性支出（Capital，用固定資產、無形資產和其他長期資產的和與期初的資產總計的比值來度量）、研發費用比率（Rdta，用無形資產與資產總計的比值來度量）、機構持股者的比率（Institution，用機構持股數量與總股本的比值來度量）、公司成立年限（Age）、資本結構（Lev，用資產負債率度量）、公司市場價值（TobinQ）。本部分的變量定義如表 6.3 所示。

表 6.3 變量定義

變量	變量中文名		變量符號	變量描述
被解釋變量	企業績效	資產報酬率	ROA	(淨利潤+利息支出)／總資產總額
		淨利潤增長率	NPG	本年營業利潤增長額／上年營業利潤總額
解釋變量	管理層收購		MBO	成功實施 MBO 的企業取值為1，否則取值為0
	管理層持股比例		Mahd	管理層持股數／總股本
	高管政治背景		Political	屬於公司高管團隊且屬於董事會成員的管理層是前任政府官員，現在或者曾經是人大代表，政協委員，則 Political＝1，否則為0
	政府型政治背景		Gov_Political	如果公司政治關聯的類型表現為曾在政府部門任職，則取值為1，否則為0
	委員型政治背景		Del_Political	如果公司政治關聯的類型表現為人大代表或政協委員，則取值為1，否則為0
控制變量	公司成長性		Growth	營業收入增長率
	企業規模		Size	資產總計
	淨資產收益率		ROE	淨資產收益率，公司當期淨利潤除以期初總資產而得
	公司年度資本性支出		Capital	公司期初總資產調整後的資本性支出，企業當年度購建固定資產、無形資產和其他長期資產支付的現金除以期初總資產
	研發費用比率		Rdta	無形資產／資產總計
	機構持股者的比例		Institution	機構投資者持股比例，如果沒有持股則取值為0
	公司成立年限		Age	公司年齡，觀測年度減去公司成立年份加上1的自然對數表示
	資本結構		Lev	資產負債率，公司當年度的負債總額除以總資產表示
	公司市場價值		TobinQ	所有者權益和負債的市場價值與公司帳面總資產的比值

6.3.2 模型介紹

對於假設3.1，高管的不同類型政治背景對企業管理層收購前及收購後的經營績效會有不同影響。對管理層收購前後，分別建立迴歸模型，模型的設定為：

$$ROA_{it} = \beta_1 \times political_{it} + \beta_2 \times Gov\_political_{it} + \beta_3 \times Del\_political_{it} + \sum_{k=1}^{n} \lambda_{it} \times control_{it} + \varepsilon_{it} \quad (6.3.1)$$

對於假設3.2，為了考察企業成功進行MBO後，高管有無政治背景對企業長、短期績效的影響是否也有區別，所以設定度量長、短期績效的模型，模型設定如下：

短期績效影響：

$$ROA_{it} = \beta_{17} \times MBO_{it} + \beta_{18} \times Political_{it} + \beta_{19} \times MBO_{it} \times Political_{it} + \sum_{k=1}^{n} \lambda_{it} \times Control_{it} + \varepsilon_{it} \quad (6.3.2)$$

長期績效影響：

$$NPG_{it} = \beta_{20} \times MBO_{it} + \beta_{21} \times Political_{it} + \beta_{22} \times MBO_{it} \times Political_{it} + \sum_{k=1}^{n} \lambda_{it} \times Control_{it} + \varepsilon_{it} \quad (6.3.3)$$

上述模型中，i 代表企業個體，t 表示年度標示，ε_{it} 為隨機擾動項，λ_i 表示控制變量的系數，$Control$ 是控制變量，主要包括表6.3所列示的變量。上述模型均為面板模型，通過 F 檢驗和Hausman檢驗，以上模型均為個體固定效應模型。

對於假設3.3，為了考察企業成功進行MBO後，政府型政治背景和委員型政治背景對企業長、短期績效的影響是否也有區別，所以設定度量長、短期績效的模型，模型設定如下：

短期績效影響：

$$ROA_{it} = \beta_7 \times MBO_{it} + \beta_8 \times Gov\_Political_{it} + \beta_9 \times Del\_Political_{it} +$$
$$\beta_{10} \times MBO_{it} \times Gov\_Political_{it} + \beta_{11} \times MBO_{it} \times$$
$$Del\_Political_{it} + \sum_{k=1}^{n} \lambda_{it} \times Control_{it} + \varepsilon_{it} \quad (6.3.4)$$

長期績效影響：

$$NPG_{it} = \beta_{12} \times MBO_{it} + \beta_{13} \times Gov\_Political_{it} + \beta_{14} \times$$
$$Del\_Political_{it} + \beta_{15} \times MBO_{it} \times Gov\_Political_{it} + \beta_{16} \times$$
$$MBO_{it} \times Del\_Political_{it} + \sum_{k=1}^{n} \lambda_{it} \times Control_{it} + \varepsilon_{it}$$
$$(6.3.5)$$

6.3.3 研究樣本與數據來源

中國從 1997 年出現第一例管理層收購（MBO）後，在 2002—2006 年進入 MBO 活躍期，此後經過多年國家政策調控，實施 MBO 的企業數量較為穩定。以中國主板上市企業為樣本，筆者從 Wind 數據庫、CSMAR 數據庫、中國收購案例年報、期刊論文等多渠道手工收集到 1997—2016 年實施 MBO 的企業共 100 家，其中成功完成 MBO 的企業數量為 60 家，MBO 失敗企業數量為 40 家，剔除退市企業、ST、*ST 的上市企業、金融機構、證券公司和數據嚴重缺失的企業後，成功實施 MBO 的企業為 50 家，失敗企業為 32 家。

此外，100 家實施 MBO 的企業中，有政治背景的有 58 家，其中成功實施 MBO 的企業有 42 家，MBO 失敗的企業有 16 家；沒有政治背景的企業有 42 家，其中成功實施 MBO 的企業有 18 家，MBO 失敗的企業有 24 家。在有政治背景的企業中，有政府型政治背景的 38 家，其中成功實施 MBO 的企業有 25 家，MBO 失敗的企業有 13 家；有委員型政治背景的 20 家，其中成功實施

MBO 的企業有 17 家，MBO 失敗的企業有 3 家。剔除退市企業、ST、*ST 的上市企業、金融機構、證券公司和數據嚴重缺失的企業後，有政治背景的實施 MBO 的企業的實際樣本為 82 家。

本書對公司績效的考察期限為 11 年，選取了目標企業在實施 MBO 當年的前 3 年和後 7 年的數據，樣本數據為 2006—2017 年的年度數據。本書數據主要來自上市公司年報、CSMAR 數據庫、Wind 數據庫等，研究過程中的所有數據及結果主要採用 R 軟件及 Stata14.0 處理所得。

7 基於要素密集度的高管金融背景與企業金融化

7.1 企業要素密集度的劃分

7.1.1 要素密集度的測度

參考陳永杰（2003）和張理（2007）等對製造業的要素密集度測度的方法，本部分對中國 A 股上市企業選取三組 6 個指標作為要素密集度的劃分依據。

第一組，劃分上市企業技術密集程度的指標：

技術人員比重＝技術人員/員工總數

研發費用比重＝研發費用/主營業務收入

其中，技術人員比重是以投入的技術性力量來衡量的，該指標部分解放了勞動要素中包含的技術要素。研發費用比重是以科研經費投入為主，結合投入和產出，該指標在西方發達國家得到廣泛應用。通常研發投入用絕對數量大小來衡量會產生偏差，為保證可比性，將研發費用和技術人員分別用主營業務收入和員工總數進行調整。

第二組，劃分上市公司資本密集程度的指標：
資本勞動比重＝固定資產淨值/員工總數
固定資產比重＝固定資產淨值/資產總額

其中，資本勞動比重是一個直接的指標，資本密集程度直接由兩個生產要素投入比例來衡量，是資本密集度最基本的衡量指標。該指標體現了在生產中損耗的固定資產淨值和使用的勞動力兩者的比率。因此，該指標值越高，代表資本密集度越高。衡量資本密集程度的另一個指標是固定資產比重，其比值越大，反應了資本的密集程度越高。

第三組，劃分上市公司勞動密集程度的指標：
利潤勞動比重＝利潤總額/員工總數
職工薪酬占比＝應付職工薪酬/主營業務成本

其中，利潤勞動比重是一個直接的指標，是反應企業效益的主要指標，主要考慮到勞動密集型企業的經濟效益相對較低。由於該指標是一個逆指標，數據預處理時將其取倒數作逆向化處理。職工薪酬占比是依據勞動密集型企業的本質內容提出的一個重要標準，因為勞動密集型企業的人工成本在主營業務成本中占比較高，該指標越高，說明勞動密集程度越高。

綜上，通過以上三組指標，本書將樣本企業根據要素密集度的不同分成了四類，分別為技術密集型企業、資本密集型企業、勞動密集型企業以及其他密集型企業。

7.1.2 分類結果

本部分將基於聚類分析方法，對選取的 1,759 家上市企業樣本從 2011—2017 年逐年進行聚類，將選取的上市企業劃分為技術密集型企業、資本密集型企業、勞動密集型企業及其他密集型企業四個類別。

具體的分類思路是：首先，對所有上市公司基於研發費用比重、技術人員比重兩個指標進行聚類，將企業劃分為技術低度密集型產業、技術高度密集型產業，其中把後者作為技術密集型產業；其次，在技術低度密集型產業中，採用資本指標將其劃分為兩類，把高資本密集程度的企業作為資本密集型企業；最後，將餘下的低資本密集程度企業採用勞動指標將其再劃分為兩類，把其中高勞動密集程度的企業作為勞動密集型企業，剩下的低勞動密集型企業則作為其他密集型企業。

本部分數據採用SPSS軟件進行了聚類分析，最終分類結果顯示，勞動密集型企業最多，各年份均在700~850家，技術密集型企業最少，為250~315家企業。上市公司具體的分佈情況見表7.1。

表 7.1　滬深 A 股部分上市公司分佈情況　　單位：家

年份	技術密集型企業	資本密集型企業	勞動密集型企業	其他密集型企業
2011	251	434	703	269
2012	255	486	759	273
2013	256	524	816	292
2014	270	518	802	284
2015	276	499	779	280
2016	287	466	836	370
2017	315	435	846	411

圖7.1為滬深A股部分上市公司的要素密集度分佈結構圖，可以看出，儘管技術密集型企業的數量最少，企業數量卻在逐年增加，說明中國企業的技術創新在穩步發展；勞動密集型企

業占比最高，近幾年呈現 U 形變化，以及資本密集型企業呈現倒 U 形變化的現象，主要是當前中國經濟形勢變動，資本市場不景氣造成的。

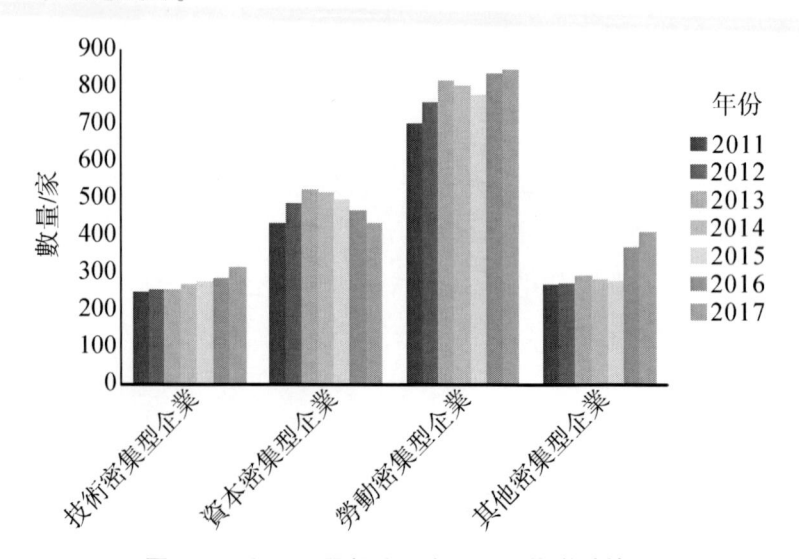

圖 7.1　滬深 A 股部分上市公司分佈變動情況

7.2　描述性統計

不同的要素密集度的企業，對企業資源投入的重心是不同的。技術密集型企業的生產結構中，往往研發支出占比較高，資本密集型企業的單位勞動力占用資金是最高的，需要較多的資本投入，而勞動密集型企業主要是那些生產技術設備配置較低、對資金沒有較高要求，需要大量勞動力進行生產活動的企業。企業生產結構的不同，決定了企業內部資源分配的不同，決定了企業內部管理人員的戰略選擇也是不同的。

表 7.2 是各類要素密集型企業的資產金融化程度在 2011—

2017年的變化情況。可以從表中明顯看出，資本密集型的企業其資產金融化程度低於其他企業，且近年來並無太大變化，都在17%左右浮動；技術密集型企業的資產金融化程度上漲幅度要高於其他密集型企業，但大體相差不大，處於25%~30%的金融化水準；勞動密集型企業的資產金融化程度略高於技術密集型企業；而其他密集型企業的資產金融化程度相對低於技術和勞動密集型企業的資產金融化程度，卻高於資本密集型企業的資產金融化程度，處於21%~26%。

表7.2　資產金融化程度變動情況　　　　單位:%

時間	技術密集型	資本密集型	勞動密集型	其他密集型	全部樣本企業
2011	24.33	17.77	26.33	21.43	23.88
2012	25.15	17.19	26.90	22.68	24.22
2013	26.27	17.68	27.18	22.95	24.81
2014	27.10	17.28	27.77	23.55	25.24
2015	27.70	16.91	28.34	23.40	25.20
2016	27.98	17.03	28.58	25.02	25.74
2017	28.90	17.74	29.70	25.37	26.98

表7.3是各類要素密集型企業的收益金融化程度在樣本期間的變化情況。總體來看，收益金融化程度呈現一個先增長後下降的趨勢，但是下降幅度較小，資本密集型企業和技術密集型企業的收益金融化程度要低於全部樣本企業的平均水準。而其他密集型企業的收益金融化程度相對來說處於一個較為穩定上升的趨勢，由2011年的18%上升至2017年的近29%。同時收益金融化程度比資產金融化程度的變動幅度大，變化較明顯。

表 7.3　收益金融化程度變動情況　　　　單位:%

時間	技術密集型	資本密集型	勞動密集型	其他密集型	全部樣本
2011	14.42	18.81	17.42	18.32	17.34
2012	16.02	16.94	20.84	20.11	19.06
2013	16.91	26.73	22.20	21.32	22.78
2014	20.76	20.53	34.44	24.58	28.23
2015	28.99	27.61	33.55	27.60	31.14
2016	22.64	22.88	34.50	26.33	29.48
2017	29.41	19.50	32.02	28.89	29.33

表 7.4 是各類要素密集型企業的高管金融背景在樣本期間的變化情況，可以明顯看出，技術密集型企業具有金融背景的高管最少，2017 年資本密集型企業和勞動密集型企業的高管金融背景基本達到 34%，而技術密集型企業在 2017 年之前，高管的金融背景均處於 31% 以下，在 2017 年達到 32%。另外，其他密集型企業的高管金融背景整體高於全部樣本企業的平均水準，與勞動密集型企業較接近，樣本期間高管金融背景占比基本在 30%~34%。

表 7.4　高管金融背景變動情況　　　　單位:%

時間	技術密集型	資本密集型	勞動密集型	其他密集型	全部樣本
2011	29.38	32.84	31.68	31.76	31.64
2012	28.93	30.89	30.92	31.06	30.63
2013	28.99	31.11	30.35	30.84	30.38
2014	27.88	30.34	30.13	29.62	29.85

表7.4(續)

時間	技術密集型	資本密集型	勞動密集型	其他密集型	全部樣本
2015	29.64	31.51	32.21	31.81	31.61
2016	30.79	32.09	33.59	32.99	32.74
2017	32.31	33.79	34.03	33.86	33.67

表7.5報告了模型中控制變量的基本描述統計特徵。樣本企業的固定資產占比均值約為23%，整體來看固定資產在企業資產中占據比較重要的地位，但是該占比的波動性較大。公司的財務槓桿平均為44%，標準差為30%，說明儘管財務槓桿並不高，但不同企業的財務槓桿的差異程度較大。

表7.5 控制變量的描述性統計分析

	均值	中位數	最大值	最小值	標準差
Fixed	0.228,3	0.193,3	0.715,6	0.003,2	0.165,3
Lev	0.435,6	0.422,9	13.396,9	0.007,2	0.303,6
Lnage	2.975,7	2.995,7	4.248,5	1.609,4	0.265,2
Lnsize	22.104,4	21.941,6	25.760,2	19.639,9	1.243,2
Rd	0.047,4	0.035,6	0.293,2	0.001,3	0.047,4
Roa	0.040,7	0.035,5	0.210,9	0.006,2	0.053,9
Big1	0.342,9	0.321,2	0.736,7	0.087,5	0.141,4
TobinQ	2.343,1	1.649,5	32.346,4	0.087,4	3.317,6

公司規模對數後均值為22.104,4，中位數為21.941,6，最大值和最小值分別是25.760,2和19.639,9。資產收益率平均為0.040,7，中位數為0.035,5，最大值和最小值分別為0.210,9和

0.006,2，標準差為0.053,9相對較大，說明企業的資產收益率分佈不均，波動性較大。同樣，最大股東持股比例和托賓Q值也是如此，公司最大股東持股比例平均為34.29%，而其最大值為73.67%，最小值僅為8.75%，不同企業差距較大。托賓Q值平均為2.343,1，而最大值為32.346,4，最小值僅達0.087,4，標準差高達3.317,6，說明了市場對不同公司價值的判斷是不同的。

通過以上對所選變量的描述性分析，我們發現，各樣本公司在控制變量上存在較大差異，所以說選擇這些變量作為控制變量是有必要的。

7.3 實證結果

7.3.1 高管金融背景對企業金融化的影響研究

表7.6是高管金融背景對企業金融化程度的迴歸結果。模型1和模型2分別用資產金融化和收益金融化指標來衡量樣本的企業金融化水準。迴歸結果顯示，高管金融背景的迴歸系數分別在1%和5%的顯著性水準下顯著為正，這表明，具有金融背景的高管會使得企業的資產金融化水準和收益金融化水準都顯著提高，且企業擁有金融背景的高管越多，其金融化水準就越高。總之，實證結果驗證了高管金融背景與企業金融化水準具有顯著的正相關關係，即假設1.1成立。

表7.6 高管金融背景對企業金融化的實證結果

收益金融化指標	模型1 資產金融化指標	模型2
FinBg	0.010,8*** (1.576,8)	0.029,6** (0.411,2)
Lnsize	-0.006,1*** (-5.737,8)	-0.119,3*** (-5.992,2)
Lev	0.040,5*** (9.774,9)	0.043,8 (1.328,1)
Roa	-0.021,5 (-0.947,1)	1.258,0*** (6.952,0)
Fixed	-0.326,1*** (-46.433,6)	-0.058,9* (-0.583,5)
Lnage	0.027,5*** (6.148,9)	0.375,5*** (9.219,4)
Rd	-0.341,2*** (-14.175,6)	-0.194,4 (-0.681,4)
Big1	-0.000,4** (-4.903,7)	-0.003,6*** (-2.693)
TobinQ	-0.001,6*** (-4.224,7)	-0.002,7** (-0.963,1)
c	0.397,8*** (16.494,3)	0.672,3*** (1.922,1)
R^2	0.187,1	0.163,3
LR test	17.646,6***	2.617,3***
Hausman test	292.628,6***	192.268,2***

註：*、**和***分別表示迴歸系數在10%、5%和1%的顯著性水準下顯著，括號內為迴歸系數的 t 統計量，下同。

7.3.2 要素密集度對企業金融化的影響研究

表7.7 匯報了要素密集度對企業金融化程度影響的迴歸結果。模型3和模型4是用資產金融化指標衡量企業金融化程度，模型5和模型6是用收益金融化指標衡量企業金融化程度。模型3和模型5分別在模型4和模型6的基礎上引入了高管金融背景。

表7.7 要素密集度對企業金融化的實證結果

	資產金融化指標		收益金融化指標	
	模型3	模型4	模型5	模型6
$Capdum$	−0.027,3**	−0.027,2**	0.022,1	0.023,4
	(−6.451,0)	(−6.423,6)	(0.761,3)	(0.770,2)
$Tecdum$	−0.008,3**	−0.008,1**	−0.066,5***	−0.057,3**
	(−2.410,5)	(−2.399,8)	(−2.743,8)	(−2.737,9)
$Wordum$	0.043,9***	0.037,2***	0.053,2***	0.054,6***
	(8.815,9)	(8.762,8)	(3.014,1)	(3.261,2)
Fin_Bg	0.021,3**	/	0.046,8**	/
	(5.685,4)	/	(2.361,0)	/
$Lnsize$	−0.006,7***	−0.006,6***	−0.019,5***	−0.019,6***
	(−5.644,5)	(−5.641,0)	(−2.571,8)	(−2.604,0)
Lev	0.050,1***	0.041,6***	−0.011,6	−0.015,2
	(10.135,6)	(9.893,3)	(−0.416,9)	(−0.555,9)
Roa	−0.032,2	−0.032,8	1.346,3**	1.323,0**
	(−1.114,4)	(−1.105,9)	(9.259,3)	(9.243,0)
$Fixed$	−0.281,3***	−0.283,3***	−0.247,2***	−0.233,7***
	(−24.223,0)	(−23.998,5)	(−3.010,8)	(−3.014,2)
$Lnage$	0.032,1***	0.036,9***	0.266,4***	0.277,1***
	(6.414,5)	(6.202,9)	(9.111,9)	(9.830,1)

表7.7(續)

	資產金融化指標		收益金融化指標	
	模型3	模型4	模型5	模型6
Rd	-0.361,7***	-0.412,3***	-0.510,7***	-0.559,2***
	(-15.001,8)	(-14.469,2)	(-3.157,0)	(-3.561,9)
$Big1$	-0.000,4***	-0.000,4***	-0.002,3***	-0.002,3***
	(-4.911,5)	(-4.920,1)	(-4.530,3)	(-4.517,4)
$TobinQ$	-0.001,5***	-0.001,4***	0.000,8	0.000,9
	(-4.021,3)	(-4.088,3)	(0.413,5)	(0.398,9)
c	0.391,2***	0.361,3***	0.674,8***	0.700,8***
	(16.219,9)	(16.112,7)	(5.839,4)	(5.881,0)
R^2	0.187,6	0.182,8	0.143,6	0.129,9
$LR\ test$	19.136,4***	18.004,3***	2.476,2***	2.541,2***
$Hausman\ test$	303.976,2***	305.121,6***	287.939,9***	292.367,1***

資產金融化的結果顯示，資本密集型企業和技術密集型企業的迴歸系數顯著為負，表明資本密集型企業和技術密集型企業的資產金融化程度顯著地低於其他密集型企業。收益金融化的實證結果顯示，資本密集型企業的迴歸系數不顯著，而技術密集型企業的迴歸系數顯著為負的，表明技術密集型的收益金融化指標要顯著地低於其他類型的企業。而勞動密集型企業在資產金融化和收益金融化模型中，其迴歸系數在1%的顯著性水準下都顯著為正，說明勞動密集型企業的資產金融化程度和收益金融化程度都要高於技術密集型企業和資本密集型企業。因此，假設1.2成立。

比較而言，勞動密集型企業無論在資產金融化程度還是收益金融化程度方面，都表現最高；技術密集型企業在資產金融化程度和收益金融化程度方面，都表現最低；資本密集型企業

在資本金融化程度方面顯著較低,在收益金融化程度方面沒有顯著異質性。企業的研發水準是技術密集型企業最為重要的能力,因此,企業的重要資源體現為智力資源,企業的收益主要來自技術創新帶來的溢出效應,在此背景下技術密集型企業的資產金融化程度與收益金融化程度均顯著低於其他企業。就資本密集型企業而言,其生產要素主要體現為固定資產,因此資本密集型的企業其資產金融化程度較低,但在收益表現方面並沒有顯著異質性特徵。

7.3.3 高管金融背景、要素密集型與企業金融化

表7.8報告了基於企業要素密集型的調節作用,高管的金融背景對企業金融化影響的實證結果。

模型7和模型8的結果基本一致,結果顯示:①對於勞動密集型企業而言,要素密集度對高管金融背景與企業資產金融化、收益金融化程度的影響關係有顯著的正向調節作用,即在勞動密集型企業中,具有金融背景的高管對於企業金融化水準的影響程度更強;②對技術密集型企業而言,要素密集度對高管金融背景與企業資產金融化和收益金融化的關係具有負向調節作用,即在技術密集型企業中,高管的金融背景對企業資產金融化、收益金融化的影響相對更為弱化;③對於資本密集型企業而言,高管的金融背景與企業資產金融化和收益金融化的關係均沒有顯著的調節作用。這一結果驗證了假設1.3。

表7.8 高管金融背景、要素密集型和企業金融化關係的實證結果

	模型7 資產金融化指標	模型8 收益金融化指標
FinBg	0.024,2** (2.882,3)	0.027,3** (0.946,1)

表7.8(續)

	模型7 資產金融化指標	模型8 收益金融化指標
Capdum	−0.010,4**	−0.110,3
	(−0.623,5)	(−2.727,6)
Tecdum	−0.015,3**	−0.061,2**
	(−2.081,9)	(−0.770,4)
Wordum	0.034,9***	0.073,3**
	(8.158,9)	(3.411,3)
Capdum ∗ *FinBg*	0.002,8	−0.041,3
	(0.097,3)	(−1.263,1)
Tecdum ∗ *FinBg*	−0.026,6*	−0.087,4*
	(−1.813,2)	(−0.521,3)
Wordum ∗ *FinBg*	0.049,6**	0.066,1**
	(2.519,0)	(3.152,4)
Lnsize	−0.039,7***	−0.136,6***
	(−16.871,1)	(−6.135,4)
Lev	0.041,3	0.057,4
	(8.969,5)	(1.630,7)
Roa	0.176,4*	1.379,5**
	(6.333,7)	(8.774,9)
Fixed	−0.182,1	0.083,9
	(−15.423,0)	(0.594,1)
Lnage	0.165,2***	0.811,9***
	(21.421,1)	(9.437,9)
Rd	−0.290,3*	−0.190,5**
	(−10.402,6)	(−0.713,2)
*Big*1	−8.01E−05***	−0.010,4**
	(−0.540,7)	(−1.913,7)

表7.8(續)

	模型 7 資產金融化指標	模型 8 收益金融化指標
TobinQ	−0.000, 2**	−0.011, 0***
	(−0.734, 9)	(−1.269, 4)
c	0.492, 3***	0.771, 3***
	(16.543, 8)	(1.913, 5)
R^2	0.198, 3	0.141, 9
LR test	18.532, 4***	2.884, 7***
Hausman test	308.529, 8***	314.884, 1***

7.3.4 穩健性檢驗

為了確保本書研究結論的可靠性，本部分對以上三個假設的迴歸進行了穩健性檢驗。將企業各年的資產金融化程度以中位數為標準，劃分為進行金融化策略的企業和沒有進行金融化策略的企業，即若該企業的資產金融化程度高於中位數，則認為該企業進行了金融化的策略；相反，若該企業的資產金融化程度低於中位數，則認為該企業沒有進行金融化策略。此時，描述企業金融化的變量為虛擬變量。定義新的企業金融化指標後，對實證分析中的三個假設進行檢驗，檢驗結果如下：

表 7.9 穩健性檢驗結果

	假設 1.1	假設 1.2	假設 1.3
FinBg	0.035, 7**	0.042, 4**	0.021, 7*
	(2.400, 9)	(2.282, 1)	(2.220, 8)
Capdum	/	−0.045, 2*	−0.037, 1*
	/	(−3.831, 5)	(−3.710, 7)

表7.9(續)

	假設1.1	假設1.2	假設1.3
Tecdum	/	-0.011,2**	-0.009,9*
	/	(-1.516,3)	(-1.386,1)
Wordum	/	0.089,6**	0.073,1**
	/	(6.001,3)	(5.681,9)
Capdum * Fin_Bg	/	/	0.006,2
	/	/	(0.296,9)
Tecdum * Fin_Bg	/	/	-0.032,7*
	/	/	(-2.075,9)
Wordum * Fin_Bg	/	/	0.071,3**
	/	/	(4.593,4)
Lnsize	-0.046,4***	-0.005,8***	-0.005,9***
	(-3.041,2)	(-3.557,8)	(-5.589,3)
Lev	0.031,3**	0.080,2*	0.041,1*
	(0.841,0)	(10.264,0)	(9.933,1)
Roa	-1.741,5	-0.046,8	-0.024,7
	(-5.483,8)	(-1.358,9)	(-1.086,3)
Fixed	-0.166,1*	-0.163,2	-0.272,6
	(-1.367,5)	(-7.617,8)	(-23.959,7)
Lnage	0.150,4**	0.031,1**	0.028,2**
	(2.206,2)	(4.942,8)	(6.304,4)
Rd	-0.776,3***	-0.000,7***	-0.352,1***
	(-1.948,2)	(-5.852,2)	(-14.587,1)
Big1	-0.004,0***	-0.422,6***	-0.000,4***
	(-3.379,3)	(-12.495,3)	(-4.896,1)
TobinQ	-0.014,9**	-0.001,7*	-0.001,5*
	(2.616,9)	(-3.372,2)	(-4.020,9)

表7.9(續)

	假設1.1	假設1.2	假設1.3
c	1.084,4***	0.363,8***	0.392,1***
	(3.229,6)	(9.724,3)	(16.185,7)
R^2	0.148,1	0.152,7	0.154,0

  上述結果與實證研究中的迴歸結果基本一致。其中，對於假設1.1而言，穩健性檢驗結果表示高管金融背景的變量在5%的顯著性水準下顯著為正；對於假設1.2而言，三個類型的要素密集型的企業金融化程度存在顯著差異；關於假設1.3，其結果與7.3.3節中保持一致，資本密集型的調節作用不顯著，技術密集型的調節作用在10%的顯著性水準下顯著為負，勞動密集型的調節作用在5%的顯著性水準下顯著為正。總之，穩健性檢驗結果證實本部分的實證結果是穩健的。

8 基於股權特徵的 CEO 一般管理能力與企業創新

8.1 CEO 一般管理能力指數的生成

本部分關於 CEO 的一般管理能力的測度,參考了 Custodio 等人(2013)的研究思想。Custodio 等人(2013)在探究 CEO 一般管理能力對薪酬的影響時,通過考察 CEO 職業經歷,構造出 GAI 指數作為測量 CEO 一般管理能力的指標。GAI 指數主要包括五個方面的內容,分別是:①CEO 在其職業生涯中的不同職位數量;②CEO 工作過的公司數量;③CEO 工作過的行業數量;⑤CEO 以前是否在另一個公司擔任過 CEO 職位;⑤CEO 是否兼任另一個公司的董事會成員。將這 5 個變量利用時序全局主成分分析法綜合成一個變量 GAI 指數,利用 GAI 指數實現對 CEO 一般管理能力的測量。

CAI 指數的具體生成,是利用時序全局主成分分析法,就以上 5 個方面的 CEO 職業經歷變量進行綜合,以此得到反應 CEO 一般管理能力的一般管理能力指數。

表 8.1 是樣本數據的 KMO 檢驗和 Bartlett 的球形檢驗結果:

表 8.1　KMO 檢驗與 Bartlett 球形檢驗結果

KMO 與 Bartlett 檢驗		
KMO 取樣適當性		0.693
Bartlett 球形檢驗	卡方	704.042
	df	10.000
	顯著性	0.000

從表 8.1 可以看出，KMO 檢驗值為 0.693，表明各指標之間有較強的相關關係。球形檢驗的近似卡方分佈值為 704.042，顯著性等於 0.000，表明樣本數據適合做時序全局主成分分析。

表 8.2 是時序全局主成分分析中的方差貢獻率信息：

表 8.2　方差貢獻率表

序號	起始特徵值			平方和		
	總計	變異(%)	累計(%)	總計(%)	變異(%)	累計(%)
1	4.268	65.368	65.368	4.268	65.368	65.368
2	0.983	10.661	76.029			
3	0.887	9.73	85.759			
4	0.734	8.674	94.433			
5	0.428	5.567	100.000			

根據特徵值大於 1 的原則，提取一個主成分，累計方差貢獻率為 65.368%，該主成分的系數如表 8.3 所示：

表 8.3　第一主成分系數表

變量	係數
職業數量	0.257
公司數量	0.318
行業數量	0.303

表8.3(續)

變量	係數
以前是否擔任 CEO	0.225
是否在別的公司兼任	0.151

根據表8.2的結果，CEO一般管理能力指數 GAI（General ability index）的計算公式為：

$GAI = 0.257X_1 + 0.318X_2 + 0.303X_3 + 0.303X_4 + 0.303X_5$

其中，X_1 是 CEO 在其職業生涯中的不同職位數量；X_2 是 CEO 工作過的公司數量；X_3 是 CEO 工作過的行業數量；X_4 是一個虛擬變量，如果一個 CEO 以前在另一個公司擔任過 CEO 職位，則取值為1；X_5 也是一個虛擬變量，如果一個 CEO 兼任另一個公司董事會成員則取值為1。

8.2　描述性統計分析

表8.4是各研究變量的描述性統計分析結果。從被解釋變量來看，創新投入指標平均值為4.379，中位數為3.450，最大值為137.450，最小值為0；創新產出的指標為專利數量，平均值為56.874，最大值為6,784，最小值為1；指標專利質量，最大值為19,928，最小值為1。可見，企業之間創新投入有明顯差異，這也影響了企業的創新產出，從創新數量與創新質量上看，企業之間也存在較大差異。

樣本企業的 CEO 一般管理能力指數平均值和中位數都在2左右，管理能力指數最大值為19.003，最小為0.560，說明企業 CEO 一般管理能力存在明顯差異，波動性較大。

從股權集中度來看，樣本公司股權集中度平均為34.99%，最高為89.99%，最低為28.6%，標準差達到15.05%；股權制

衡度的均值為 0.846，標準差為 0.778；股權性質的均值顯示，樣本公司中國有企業占 39.5%。

就各控制變量，CEO 年齡最大為 75 歲，最小為 25 歲，中位數與平均值都為 49 歲，標準差 6 歲，說明 CEO 年齡分佈相對來說比較集中；托賓 Q 值顯示，均值為 1.348，儘管最大值達到 92.108，最小值僅為 0.009，但標準差為 1.776，說明樣樣本企業的托賓 Q 值波動性也較明顯。

表 8.4 描述性統計結果

變量名稱	平均值	中位數	最大值	最小值	標準差
Gai	2.385	2.092	19.003	0.560	2.058
Invest	4.379	3.450	137.450	0.000	4.967
Patents	56.874	14.000	6,784.000	1.000	224.965
Quality	187.233	46.000	19,928.000	1.000	807.937
CR1	0.349,92	0.332,27	0.899,86	0.002,86	0.150,48
OCP	0.846	0.640	8.056	0.000	0.778
Ownership	0.395	0.000	1.000	0.000	0.488
Age	49.118	49.000	75.000	25.000	6.181
Salaray	13.178	13.187	16.432	2.484	0.766
Q	1.348	0.776	92.108	0.009	1.776
Leverage	3.860	0.625	13.396	0.007	4.472
Size	7.061	9.189	33.475	0.073	3.688

8.3 相關性分析

表 8.5 列示了所有變量的相關係數矩陣。從相關結果可以看出，CEO 一般管理能力指數與企業創新表現具有正相關關係，初步驗證了本書的研究假設。

表 8.5　主要變量的 Spearman 相關性檢驗

	Invest	Patents	Quanlity	GAI	CR1	OCP	Ownership	Age	Salary	Q	Leverage	Size
Invest	1.000											
Patents	0.188**	1.000										
Quanlity	0.057**	0.980**	1.000									
GAI	0.578***	0.310***	0.280**	1.000								
CR1	−0.188**	−0.082**	−0.081**	0.000	1.000							
OCP	0.057**	0.060**	0.059**	−0.019	0.028*	1.000						
Ownership	−0.321**	−0.547**	−0.456**	−0.067*	0.188**	−0.547**	1.000					
Age	−0.059	0.060**	0.059**	−0.019	0.028	0.060**	−0.057**	1.000				
Salary	0.040**	0.188**	0.175**	0.040**	−0.016	0.188**	0.035**	0.093**	1.000			
Q	−0.031**	−0.057**	−0.054**	−0.031**	−0.052**	−0.547**	0.008	−0.030**	−0.018	1.000		
Leverage	0.115**	0.035**	0.032**	0.115**	0.002	0.060**	0.303**	0.028	0.017	−0.404**	1.000	
Size	0.129**	0.008	0.006	−0.109**	0.009	−0.031**	−0.057**	−0.018	0.022	0.303**	−0.915**	1.000

註：*、** 和 *** 分別表示在為 10%、5% 和 1% 的顯著水準下顯著。

8.4 迴歸結果分析

8.4.1 CEO 一般管理能力與企業創新

表 8.6 報告了基於 CEO 職業背景計算得到的 CEO 一般管理能力指數分別與企業創新投入、創新產出與創新質量的迴歸結果。結果表明，CEO 一般管理能力對企業創新投入、創新產出以及創新質量均有正向影響，驗證了本書假設 2.1 和假設 2.2。

表 8.6 CEO 一般管理能力與企業創新表現迴歸結果

變量	Invest	Patents	Quality
c	8.489*** (0.000)	-28.402*** (0.000)	-57.192*** (0.000)
Gai	0.258*** (0.000)	5.344*** (0.002)	16.540*** (0.009)
Age	-0.217* (0.009)	0.626* (0.092)	2.297* (0.087)
Salary	0.522 (0.222)	17.035 (0.141)	53.445 (0.112)
Q	0.462 (0.123)	6.576 (0.254)	23.567 (0.143)
Leverage	-2.198*** (0.000)	-36.864*** (0.002)	-142.018*** (0.000)
Size	0.692** (0.011)	16.487*** (0.000)	66.638*** (0.000)
Year	Control	Control	Control
R^2	0.205	0.242	0.235
Adjusted-R^2	0.204	0.241	0.234
F	164.205***	229.075***	216.672***

就創新投入而言，CEO 一般管理能力對企業創新投入在 1%的顯著水準下有正向影響，即 CEO 一般管理能力越強，越傾向於加大創新投入。另外年齡對創新投入有負向影響，當其年齡越大，CEO 更趨保守，表現為風險厭惡型，傾向於減少創新投入。資產負債率對企業創新投入也有負向影響，企業負債增加時，更傾向於減少企業創新投入。企業規模對企業創新投入有正向影響，說明企業規模越大，企業越願意進行創新，也更有能力加大創新投入，而規模較小的企業由於自身規模的限制，會考慮更加穩定的發展，而不是加大創新投入增加風險。另外 CEO 的薪酬和托賓 Q 值對企業創新投入並沒有顯著關係。

從創新產出與創新質量來看，CEO 一般管理能力對企業專利數量與質量均在 1%的顯著水準下有正向影響，表明一般管理能力越強的 CEO 不但可以促進企業創新投入，而且對企業創新產出的質量也有明顯促進作用。一般管理能力強的 CEO 由於自身能力、見識、認知能力的豐富，對企業創新策略的制定能力會更強，使得企業有更好的創新產出表現，且從迴歸系數來看，CEO 的一般管理能力對創新產出與產出質量的正向影響，明顯大於對創新投入的正向影響，充分說明了 CEO 一般管理能力對企業創新的積極作用。另外迴歸結果也顯示，CEO 的年齡對專利數量和專利質量都有正向影響，說明年齡越大的 CEO，對創新更為謹慎，儘管創新投入較低，但創新產出水準卻較高，從投入產出比的角度來說，年齡較大的 CEO 表現更優秀。資產負債率與企業創新產出有顯著負相關關係，資產負債率較高的企業，專利數量和質量都呈現較低水準。此外，CEO 的薪酬和托賓 Q 值對專利數量和質量都沒有明顯影響，說明 CEO 的薪酬和托賓 Q 值對企業創新投入以及創新產出都沒有明顯影響。

以上結果證明了 CEO 的一般管理能力能對企業創新產生顯

著影響。基於公司治理理論，考慮到企業股權結構是 CEO 一般管理能力與企業創新表現的影響關係的一個不可忽略的約束條件，因此，本部分將進一步討論企業股權特徵對兩者關係的調節作用。

8.4.2 股權特徵、CEO 一般管理能力與企業創新

（1）股權集中度的調節作用。

表 8.7 列示了股權集中度、CEO 一般管理能力指數與企業創新表現的迴歸結果，結果顯示企業的股權集中度在 CEO 一般管理能力與企業創新表現的關係中均發揮了顯著的負向調節作用，說明當企業的股權集中度越高，越會制約 CEO 一般管理能力的良好發揮，從而相對降低了企業無論是創新投入，還是創新產出與創新質量的水準。實證結果驗證了前文所述的假設 2.3 和假設 2.4。

就創新投入而言，CEO 一般管理能力與股權集中度交互項係數為負，通過了 10% 水準的顯著性檢驗，因此，股權集中度在 CEO 一般管理能力與企業創新投入的關係中是負向調節作用，即股權集中度越高，企業往往容易被一個大股東控制，大股東不可避免會對 CEO 的經營決策進行干涉，所以 CEO 的一般管理能力難以對企業創新投入過程中產生積極影響。

對創新產出而言，不管是專利數量還是專利質量，股權集中度對 CEO 一般管理能力與企業創新之間的關係都是負向調節作用，且通過了 1% 水準顯著性檢驗，股權集中度對創新產出與質量的負向調節作用比對企業創新投入的負向調節作用更顯著，且負向影響係數更大。

表 8.7　股權集中度、CEO 管理能力指數與企業創新

變量	Invest	Patents	Quality
c	7.559***	−84.670***	−59.206***
	(0.000)	(0.000)	(0.000)
Gai	0.383***	35.038***	115.665**
	(0.000)	(0.000)	(0.000)
$CR1$	−0.019**	1.753***	5.846***
	(0.011)	(0.000)	(0.000)
$Gai*CR1$	−0.036*	−0.859***	−2.869***
	(0.058)	(0.000)	(0.000)
Age	−0.021**	0.626*	2.295*
	(0.009)	(0.091)	(0.086)
$Salary$	0.421	15.035	46.753
	(0.211)	(0.111)	(0.229)
Q	0.464	6.418	23.040
	(0.241)	(0.266)	(0.211)
$Leverage$	−2.261***	−36.565***	−141.032***
	(0.000)	(0.003)	(0.000)
$Size$	−0.462***	161.260***	69.263***
	(0.001)	(0.000)	(0.000)
$Year$	Control	Control	Control
R^2	0.212	0.246	0.239
$Adjusted-R^2$	0.211	0.245	0.238
F	132.074,8***	178.559***	168.244***

（2）股權制衡度的調節作用。

表 8.8 列示了股權制衡度、CEO 一般管理能力指數與企業創新的迴歸結果，由迴歸結果可知，股權制衡度在 CEO 一般管

理能力與企業創新的關係中發揮了正向調節作用。股權制衡度大,說明第一大股東的話語權相對較弱,企業的股權結構相對平衡。迴歸結果說明,企業股權制衡度越大,越有利於CEO的一般管理能力發揮,更有利於促進CEO一般管理能力對企業在創新投入、創新產出與創新質量三個方面的正向作用。實證結果驗證了前文所述的假設2.5和假設2.6。

具體而言,無論是創新投入,還是創新產出與創新質量,CEO的一般管理能力與股權制衡度交互項系數為正,通過了5%水準的顯著性檢驗,股權制衡度具有顯著的正向調節作用。股權制衡度高,股東之間相互制衡、相互約束,企業大股東難以對企業經營決策進行干涉,則更有利於CEO一般管理能力的充分發揮,因此股權制衡度對CEO一般管理能力的企業創新作用將產生積極影響。迴歸系數進一步顯示,股權制衡度的這一促進作用,尤其對CEO一般管理能力的創新產出質量有更強的正向影響。以上結果充分說明,股東之間的相互制衡對高管能力發揮、對企業良好發展有著重要意義。

表8.8 股權制衡度、CEO一般管理能力指數與企業創新

變量	Invest	Patents	Quality
c	7.935*** (0.000)	-16.369*** 0.000	-57.364*** (0.000)
Gai	0.232*** (0.000)	2.368*** (0.003)	6.809*** (0.001)
OCP	0.444** (0.02)	0.172** (0.07)	6.807** (0.07)
Gai * OCP	0.019** (0.027)	3.268** (0.019)	10.576** (0.043)

表8.8(續)

變量	Invest	Patents	Quality
Age	-0.021** (0.012)	0.630* (0.090)	2.319* (0.084)
Salary	0.449 (0.141)	15.782 (0.108)	48.552 (0.124)
Q	0.447 (0.190)	6.399 (0.181)	22.873 (0.201)
Leverage	-2.061*** (0.000)	-34.661*** (0.000)	-133.343*** (0.000)
Size	-0.634*** (0.000)	161.373*** (0.000)	57.155*** (0.000)
Year	Control	Control	Control
R^2	0.211	0.242	0.236
Adjusted-R^2	0.211	0.242	0.235
F	130.562***	173.002***	163.840***

（3）股權性質的調節作用。

考慮到中國的社會主義市場經濟體制，從企業最終控制人性質出發，我們將企業區分為國有企業與非國有企業，樣本數據顯示，樣本企業中，國有企業占比39%。股權性質、CEO一般管理能力指數與企業創新的迴歸結果如表8.9所示，由結果可知，CEO一般管理能力與股權性質的交互項系數均為負數，且在1%的顯著水準下顯著，說明股權性質在CEO一般管理能力與企業創新表現的關係中具有負向調節作用，即國有企業CEO一般管理能力對企業創新的促進有抑製作用。結果驗證了假設2.7和假設2.8。

國有企業高管並非真正意義上的職業經理人，他們大多具

有政府官員和職業經理人的雙重身分，甚至在很多情況下作為政府官員身分的傾向性更為強烈（鄭志剛 等，2012；楊瑞龍 等，2013）。中國國有企業並未形成有效的經理人市場，高管選擇的主要模式是由體現控股股東意志的各級國資委來選擇任命，實際最終發揮作用的往往是政府主管領導的個人偏好。在國有企業中，CEO 在行使決策權過程中會受到來自包括政府行政命令等更多方面的制約，這有礙於 CEO 一般管理能力的發揮。相對於非國有企業，國有企業的 CEO 在職期間往往更追求企業的平穩發展，更加重視的是上級交給的行政任務，而不願意承擔企業創新帶來的風險。因此，在國有企業的環境下，不利於 CEO 對企業創新表現的促進作用，特別是不利於企業創新質量的提高。

表 8.9　股權性質、CEO 一般管理能力指數與企業創新

變量	Invest	Patents	Quality
c	8.190*** (0.000)	-53.263*** (0.000)	-58.782*** (0.000)
Gai	0.232*** (0.000)	1.187*** (0.005)	2.147*** (0.004)
Ownership	-0.351*** (0.004)	-72.282*** (0.000)	-21.790*** (0.000)
Gai * Ownership	-0.068*** (0.004)	-20.599*** (0.000)	-56.218*** (0.000)
Age	-0.020** (0.011)	0.813** (0.029)	2.964** (0.022)
Salary	0.507 (0.202)	14.818 (0.212)	45.691 (0.203)

表8.9(續)

變量	Invest	Patents	Quality
Q	0.456 (0.104)	5.592 (0.100)	21.311 (0.110)
Leverage	−2.141*** (0.000)	−27.965*** (0.005)	−111.454*** (0.002)
Size	0.646*** (0.000)	165.910*** (0.000)	87.700*** (0.000)
Year	Control	Control	Control
R^2	0.206	0.247	0.239
Adjusted-R^2	0.205	0.246	0.238
F	123.604***	179.334***	168.470***

8.4.3 穩健性檢驗

為確保迴歸結果的穩定性與可靠性，本部分從三個方面進行模型的穩健性檢驗。

第一，滯後期的調整。考慮到CEO的管理對企業創新存在滯後效應，因此我們將企業的創新變量均滯後一期。實證結果如表8.10至表8.12所示。結果顯示，CEO一般管理能力對企業創新有正向影響，股權集中度對CEO一般管理能力和企業創新之間的關係有負向調節作用，股權制衡度對CEO一般管理能力和企業創新之間的關係有正向調節作用，國有企業會抑制CEO一般管理能力對企業創新的促進作用。結果驗證了本部分的全部假設，顯著性與前文實證結果相同。

表 8.10　滯後期調整穩健性檢驗結果（創新投入）

變量	Invest	Invest	Invest	Invest
常量	9.012*** (0.000)	7.763*** (0.000)	8.340*** (0.000)	8.657*** (0.000)
Gai	0.270*** (0.000)	0.514*** (0.000)	0.869*** (0.007)	0.258*** (0.002)
CR1		−0.106** (0.015)		
CR1 * gai		−0.221* (0.054)		
OCP			1.366** (0.058)	
Gai * OCP			0.935** (0.018)	
Ownership				−1.987** (0.045)
Gai * Ownership				−0.247*** (0.009)
Age	−0.257*** (0.006)	−0.259*** (0.006)	−0.254** (0.021)	−0.247*** (0.009)
Salary	0.446 (0.273)	0.331 (0.221)	0.372 (0.154)	0.459 (0.455)
Q	0.462 (0.210)	0.646 (0.301)	0.450 (0.109)	0.459 (0.201)
Leverage	−2.089*** (0.000)	−2.121*** (0.000)	−1.945*** (0.000)	−2.048*** (0.003)
Size	6.902*** (0.000)	4.503*** (0.000)	6.122*** (0.000)	6.467*** (0.000)
Year	Control	Control	Control	Control
R^2	0.204	0.211	0.211	0.204
Adjusted-R^2	0.203	0.210	0.210	0.203
F	130.998**	105.521***	105.76***	98.450***

表 8.11　滯後期調整穩健性檢驗結果（創新產出）

變量	Patents	Patents	Patents	Patents
c	49.371*** (0.000)	-50.619*** (0.000)	-58.227*** (0.000)	-54.650*** (0.000)
Gai	3.24*** (0.001)	2.504*** (0.000)	1.456*** (0.006)	1.358*** (0.000)
CR1		-1.247** (0.006)		
CR1 * gai		-0.685* (0.000)		
OCP			5.631** (0.048)	
Gai * OCP			2.033** (0.045)	
Ownership				-45.771*** (0.000)
Gai * Ownership				-6.870** (0.012)
Age	0.686* (0.077)	0.704* (0.068)	0.692* (0.074)	0.880** (0.023)
Salary	8.641 (0.169)	6.812 (0.279)	7.274 (0.248)	6.951 (0.268)
Q	5.599 (0.210)	5.458 (0.201)	5.374 (0.209)	5.024 (0.301)
Leverage	-35.767*** (0.000)	-335.725*** (0.000)	-33.101*** (0.000)	-27.829*** (0.003)
Size	52.349*** (0.000)	54.292*** (0.000)	53.832*** (0.000)	60.325*** (0.000)
Year	Control	Control	Control	Control
R^2	0.246	0.249	0.247	0.250
Adjusted-R^2	0.246	0.248	0.246	0.249
F	191.778**	147.808***	145.424***	148.903***

表 8.12　滯後期調整穩健性檢驗結果（創新質量）

變量	Quality	Quality	Quality	Quality
c	−51.406*** (0.000)	53.714*** (0.000)	−52.360*** (0.000)	−54.585*** (0.000)
Gai	10.235** (0.033)	19.720*** (0.000)	4.640*** (0.002)	3.331*** (0.000)
CR1		−4.092** (0.001)		
CR1 ∗ gai		−2.244* (0.000)		
OCP			24.080*** (0.005)	
Gai ∗ OCP			6.248** (0.045)	
Ownership				−102.755** (0.000)
Gai ∗ Ownership				−10.170** (0.019)
Age	2.333*** (0.006)	2.395** (0.085)	2.358* (0.088)	3.029** (0.028)
Salary	24.617 (0.273)	18.645 (0.407)	19.529 (0.248)	0.459 (0.455)
Q	19.676 (0.310)	19.213 (0.301)	15.374 (0.385)	18.701 (0.201)
Leverage	−31.796*** (0.002)	−35.179*** (0.000)	−21.860*** (0.006)	−2.048*** (0.000)
Size	30.480*** (0.000)	36.765*** (0.000)	53.832*** (0.000)	60.457*** (0.000)
Year	Control	Control	Control	Control
R^2	0.239	0.242	0.240	0.243
Adjusted-R^2	0.238	0.240	0.239	0.242`
F	180.646***	138.781***	137.188***	141.108***

第二，變量的替換。為進一步揭示 CEO 一般管理能力對企業創新產出的影響，本部分用企業的發明專利數量作為衡量企業創新產出的變量，迴歸結果如表 8.13 所示。可見，變量替換後的結果與前文實證結果一致，上述結果是可靠的。

表 8.13　變量替換穩健性檢驗結果

變量	Patents	Patents	Patents	Patents
c	-56.637*** (0.000)	-57.723*** (0.000)	-54.926*** (0.000)	-53.420*** (0.000)
Gai	1.378* (0.007)	0.907*** (0.000)	0.739* (0.007)	0.666** (0.002)
CR1		0.406** (0.011)		
CR1 * gai		-0.221*** (0.000)		
OCP			1.966*** (0.005)	
Gai * OCP			0.737*** (0.005)	
Ownership				-13.687*** (0.005)
Gai * Ownership				0.947*** (0.008)
Age	0.210 (0.230)	0.209 (0.229)	0.213 (0.221)	0.285 (0.104)
Salary	4.996 (0.073)	4.331 (0.122)	4.422 (0.114)	4.174 (0.135)
Q	2.443*** (0.000)	2.410*** (0.000)	2.361*** (0.000)	2.213*** (0.000)
Leverage	-16.911*** (0.000)	-17.021*** (0.000)	-15.956*** (0.001)	-13.929*** (0.003)

表8.13(續)

變量	Patents	Patents	Patents	Patents
Size	52.632*** (0.000)	53.203*** (0.000)	53.058*** (0.000)	55.526*** (0.000)
Year	Control	Control	Control	Control
R^2	0.272	0.273	0.272	0.274
Adjusted-R^2	0.271	0.272	0.271	0.273
F	107.419***	82.607***	81.526***	83.603***

第三，改變專利賦值。原有專利賦值為外觀設計專利賦值1，實用新型專利賦值3，發明專利賦值5，現改變專利賦值將外觀設計專利賦值1，實用新型專利賦值2，發明專利賦值3，由此得到創新質量的度量，檢驗模型的穩健性。檢驗結果如表8.14所示。可見，改變專利賦值之後，迴歸模型結果並沒有發生改變，再次驗證了本部分的假設。

表8.14 改變專利賦值穩健性檢驗結果

變量	Quality	Quality	Quality	Quality
c	−36.822*** (0.000)	−37.938*** (0.000)	−36.366*** (0.000)	−37.022*** (0.000)
Gai	10.942*** (0.000)	75.351*** (0.000)	4.588*** (0.006)	1.802*** (0.003)
CR1		3.799*** (0.000)		
CR1 * gai		−1.865*** (0.000)		
OCP			3.129*** (0.006)	
Gai * OCP			6.922*** (0.003)	

表8.14(續)

變量	Quality	Quality	Quality	Quality
Ownership				−147.036 *** (0.000)
Gai * Ownership				38.409 *** (0.000)
Age	1.462 (0.087)	1.461 (0.086)	1.475 (0.084)	1.888 (0.026)
Salary	1.462 (0.087)	30.894 (0.023)	32.167 (0.018)	30.255 (0.023)
Q	15.072 *** (0.000)	14.729 *** (0.000)	14.636 *** (0.000)	13.617 *** (0.000)
Leverage	−89.441 *** (0.000)	−88.789 *** (0.000)	−84.002 *** (0.000)	−69.709 *** (0.002)
Size	63.563 *** (0.000)	365.261 *** (0.000)	365.764 *** (0.000)	376.805 *** (0.000)
Year	yes	yes	yes	yes
R^2	0.237	0.242	0.239	0.242
Adjusted-R^2	0.236	0.241	0.237	0.241
F	221.059 ***	171.801 ***	167.109 ***	172.116 ***

9 基於管理層收購的高管政治背景與企業績效

9.1 描述性統計分析

9.1.1 管理層收購與高管政治背景分佈概況

從 20 世紀末開始，中國上市企業開始出現管理層收購（MBO），經過初期爆發式的增長，在 2004 年，這一現象達到頂峰，隨後進行管理層收購的企業數量相對縮減，表 9.1 列示了 20 年來中國上市企業發生管理層收購及對應的高管政治背景的分佈情況。

表 9.1　企業 MBO 和高管政治背景數量分佈情況

年份	提出 MBO 企業數	MBO 成功數	MBO 失敗數	高管有政治背景數	MBO 成功比率	高管政治背景比率
1997	1	1	0	0	1.00	0.00
1998	3	3	0	3	1.00	1.00
1999	3	2	1	1	0.67	0.67
2000	2	2	0	0	1.00	0.00

表9.1(續)

年份	提出MBO企業數	MBO成功數	MBO失敗數	高管有政治背景數	MBO成功比率	高管政治背景比率
2001	2	2	0	1	1.00	0.50
2002	26	11	15	14	0.42	0.54
2003	11	8	3	7	0.73	0.64
2004	24	20	4	18	0.83	0.75
2005	6	5	1	3	0.83	0.50
2006	7	3	4	4	0.43	0.57
2007	2	0	2	2	0.00	1.00
2008	2	0	2	0	0.00	0.00
2009—2011	0	0	0	0	0.00	0.00
2012—2016	11	3	8	5	0.27	0.45
總計	100	60	40	58	0.60	0.58

從表9.1可以看出，中國上市企業中實施管理層收購多集中在2002—2006年，該期間實施管理層收購的成功率也較高，成功比率基本維持在50%左右，其中2004年MBO成功比率達到最高，為83%。接下來的幾年，中國對管理層收購進行了政策調控，2007年至今，中國上市企業實施MBO的個數每年都維持在個位數，尤其是2009年、2010年、2011年三年，企業實施MBO的數量均為0。

9.1.2 研究變量的描述統計

表9.2是相關變量的描述性統計結果。其中，進行管理層收購的樣本企業中，高管具有政治背景的比例達到31%。就企業績效而言，樣本企業的資產報酬率最高達到34%，最低為-69%，資產報酬率的均值為4.772,8%，標準差為7.208,6%；

從淨利潤增長率來看，樣本企業的淨利潤增長率最高達85.868,1%，最低為-303.312,8%，資產報酬率的均值為-0.637,9%，標準差為15.542,9%，顯示進行管理層收購的企業，其績效波動性較大，尤其是長期績效的波動性遠遠大於短期績效的波動性。

　　從企業規模來看，進行管理層收購的樣本企業規模的最大值為2013年的中聯重科895億元，進行管理層收購的樣本企業規模最小為1.2億元，均值為47億元，不同企業不同年份規模差距較大，為了控制這種差距對結果的影響，本部分在實證中對企業的規模做對數處理。從企業研發費用來看，研發費率最小值為0，最大值為46.92%，均值為5.07%，整理原始數據發現，研發費率為0的企業多是在企業選擇管理層收購之前，研發費率較高的企業多是在企業選擇管理層收購之後1~3年發生，表明企業在發生管理層收購前研發投入有限，而在發生管理層收購後普遍會加大研發投入，這在一定程度上反應了企業高管在進行管理層收購後對企業創新活動更具積極性。最後，托賓Q值的缺損最多，主要是由於部分企業年份較為久遠，相關指標數據缺失嚴重，但與整個觀測總體數據相比，缺失數據個數有限，不會影響實證結果的可靠性。

表9.2　相關變量的描述性統計

變量	觀測數數量	最大值	最小值	平均值	標準差
Roa	544	33.849,0	-69.253,9	4.772,8	7.208,6
Npg	512	85.868,1	-303.312,8	-0.637,9	15.542,9
Political	550	1	0	0.310,9	0.463,3
Mbo	550	1	0	0.727,3	0.445,8
Mahd	529	0.197,3	0	0.003,3	0.018,3

表9.2(續)

變量	觀測數數量	最大值	最小值	平均值	標準差
Growth	544	20.902,1	-84.206,6	31.046,3	111.156,5
Size	544	8,953,716	12,172.190,0	474,703.3	981,752.6
Capital	544	1.160,1	0	0.398,2	0.220,2
Rdta	544	0.469,2	0	0.050,7	0.057,7
Institution	539	93.321,1	0	20.645,8	23.366,6
Age	550	26	0	11.160,0	4.713,3
Roe	538	51.998,0	-121.952,0	8.231,0	16.090,1
Lev	544	262.699,8	4.462,1	51.157,3	23.146,1
TobinQ	520	12.190,8	0.168,9	1.699,8	1.480,6

9.2 管理層收購、高管政治背景條件下企業績效的差異

為進一步證實在管理層收購條件下，高管政治背景能否影響公司的長、短期績效，我們對樣本企業進行了更深入的細分：

分類一：根據管理層收購是否成功，將樣本企業劃分為MBO成功組與MBO失敗組，MBO=0表示MBO失敗的公司，MBO=1表示MBO成功的公司。

分類二：管理層收購成功的企業，根據高管是否具有政治背景，將樣本企業區分為高管有政治背景組和高管無政治背景組，分別用 *Political*=0 表示MBO成功且高管無政治背景組，*Political*=1 表示MBO成功且高管有政治背景組。

分類三：對管理層收購成功的企業，按照事件發生的時間，將樣本區分為 MBO 成功前組、MBO 成功後短期組和 MBO 成功後長期組，分別用 $MBO\_1 = 0$ 表示 MBO 成功前的企業，$MBO\_1 = 1$ 表示 MBO 成功後短期組的企業，$MBO\_1 = 2$ 表示 MBO 成功後長期組的企業。

以此，就以上三種分類思路下的各類企業，對各研究變量採用 T 檢驗，以判斷是否存在顯著的差異。表 9.3 報告了所有研究變量的 T 檢驗結果。

表 9.3 基於分組條件下研究變量的 T 檢驗

變量	分類一			分類二		
	$MBO=0$	$MBO=1$	T 統計量	$Political=0$	$Political=1$	T 統計量
Roa	1.976,7	4.074,1	2.289,0***	3.967,2	6.530,0	3.658,8**
NPG	0.225,6	0.637,9	−0.334,0*	1.240,9	1.402,3	−0.650,5*
Political	0.638,2	0.352,5	3.512,6***	0.000,0	1.000,0	—
Mahd	0.001,1	0.003,2	1.922,7	0.003,0	0.004,0	1.182,6
Growth	18.567,4	29.131,3	1.912,6**	33.722,0	25.209,8	−0.467,9*
LSize	13.015,7	12.595,7	−22.453,0***	12.200,1	12.648,9	8.955,7***
Capital	0.222,8	0.405,5	8.833,6***	0.393,1	0.409,4	1.756,0
Rdta	0.031,6	0.051,9	5.659,7**	0.053,0	0.045,6	−2.602,0**
Institution	28.042,4	25.537,9	−1.627,8*	16.632,3	29.585,9	4.359,2***
ROE	5.888,9	7.858,0	3.554,0**	7.058,2	10.859,3	1.651,2*
Lev	64.369,4	54.588,3	−5.127,3**	50.919,7	51.675,7	−2.983,0**
TobinQ	2.212,2	1.527,2	1.609,6*	1.652,8	1.804,4	1.832,9*

表9.3(續)

變量	分類三						
	$MBO\_1=0$ (a)	$MBO\_1=1$ (b)	$MBO\_1=2$ (c)	(a)與(b) 的T統計量	(a)與(c) 的T統計量	(b)與(c) 的T統計量
ROA	6.608,1	3.583,7	9.579,7	3.379,7***	2.076,2***	3.135,1***
NPG	1.262,1	0.721,2	1.558,7	0.360,7**	-0.432,0*	0.590,7*
Political	0.506,7	0.680,0	0.695,0	-3.199,5***	-3.538,9***	-2.526,3**
Mahd	0.003,6	0.005,2	0.001,2	-0.944,2*	1.252,0*	1.379,5*
Growth	36.076,1	44.760,3	13.019,0	-0.584,4*	4.418,7***	2.379,8***
LSize	11.672,5	12.370,4	12.828,0	-4.728,0***	-3.305,2**	-2.915**
Capital	0.379,2	0.422,8	0.387,6	-2.242,7**	-0.365,8	2.316,1**
Rdta	0.047,5	0.049,1	0.054,9	-0.291,0	-0.833,2	-0.699,3
Institution	7.958,6	18.617,6	32.861,0	-4.943,4***	-8.790,8***	-6.496,9***
ROE	9.199,8	7.234,1	9.722,2	0.920,8*	2.419,2*	0.785,9**
Lev	42.145,3	52.741,5	56.492,3	-5.344,4***	-3.207,0***	0.953,8
TobinQ	2.206,9	1.467,0	1.591,3	2.979,1***	2.640,7***	-1.043,8**

註：表中「***」表示在1%的顯著水準下顯著，「**」表示在5%的顯著水準下顯著，「*」表示在10%的顯著水準下顯著。

就分類一而言，對於管理層收購成功的企業，其短期績效 *ROA* 與長期績效 *NPG* 的均值分別為4.1%和0.6%，而管理層收購失敗的企業，*ROA* 與 *NPG* 均值分別為2.0%和0.2%，不論是長期績效還是短期績效均低於管理層收購成功的企業，且 *T* 檢驗顯示兩組企業的長短期績效差異顯著。

就分類二而言，在管理層收購成功的企業中，高管具有政治背景的企業，*ROA* 與 *NPG* 均值分別為6.5%和1.4%，而高管無政治背景的企業，*ROA* 與 *NPG* 的均值分別為4.0%和1.2%，兩者之間的差異在5%的顯著水準下均顯著，且高管有政治背景

的企業績效明顯高於高管無政治背景的企業。

就分類三而言，對管理層收購成功的企業，其短期績效 ROA 與長期績效 NPG 的均值在企業進行管理層收購之前分別為 6.6% 和 1.3%，在企業進行管理層收購之後的短期內均值分別為 3.6% 和 0.7%，而在企業進行管理層收購之後的長期內均值分別為 9.6% 和 1.6%。T 檢驗結果顯示兩兩之間存在顯著差異，說明當企業發生管理層收購前後，其長、短期績效均有明顯變化，數據顯示管理層收購後，企業的短期績效有惡化的趨勢，但是長期績效向好，明顯高於收購前。

總的來說，以上結果初步表明：①管理層收購成功的企業比管理層收購失敗的企業的績效表現要好；②在成功進行管理層收購的企業中，高管有政治背景的企業比高管沒有政治背景的企業的績效表現要好；③企業在進行管理層收購之後，短期內其績效表現較差，但長期內企業績效會逐步得到改善。除企業績效外，其他研究變量在上述三類分組中也表現出了顯著的差異，這意味著無論管理層收購與否，高管是否有政治背景，在一定程度上能引起企業財務能力的變化。

為了進一步考察企業在進行管理層收購前後企業績效的變化，以及企業成功進行管理層收購後高管有無政治背景對企業績效的影響，本書分別繪製了企業管理層收購成功組與失敗組、企業高管有政治背景組和無政治背景組的 ROA 和 ROE 的變化趨勢圖，如圖 9.1~圖 9.4 所示。

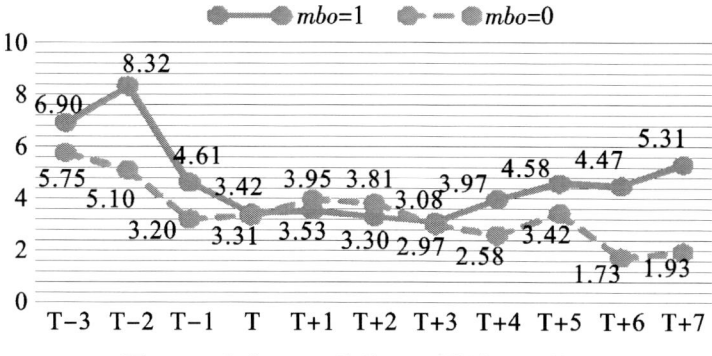

圖 9.1　企業 MBO 前後 ROA 的變化趨勢圖

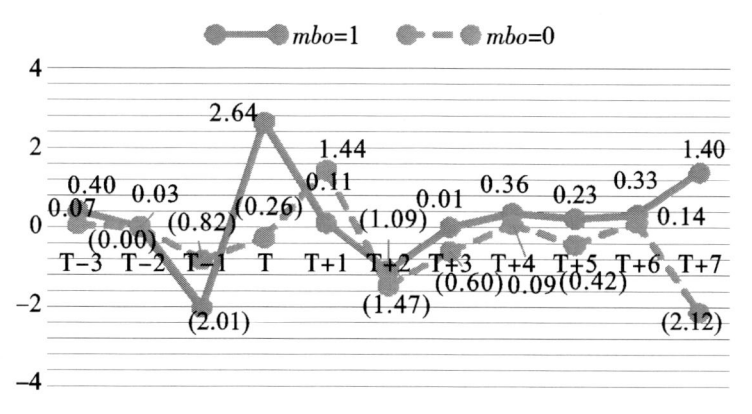

圖 9.2　企業 MBO 前後 NPG 變化趨勢圖

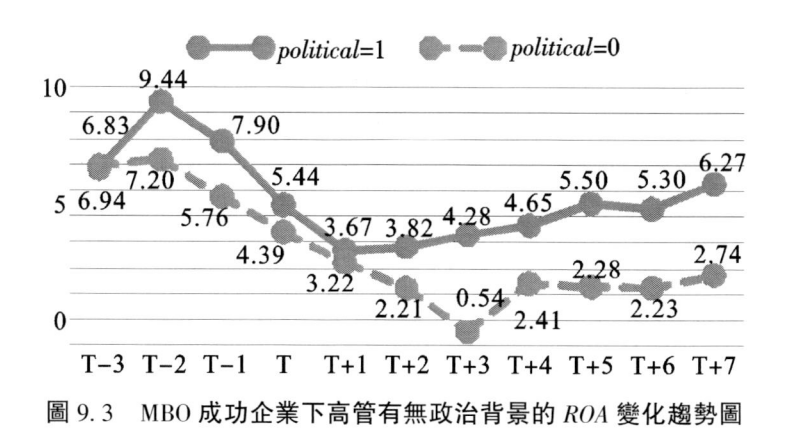

圖 9.3　MBO 成功企業下高管有無政治背景的 ROA 變化趨勢圖

9　基於管理層收購的高管政治背景與企業績效 | 133

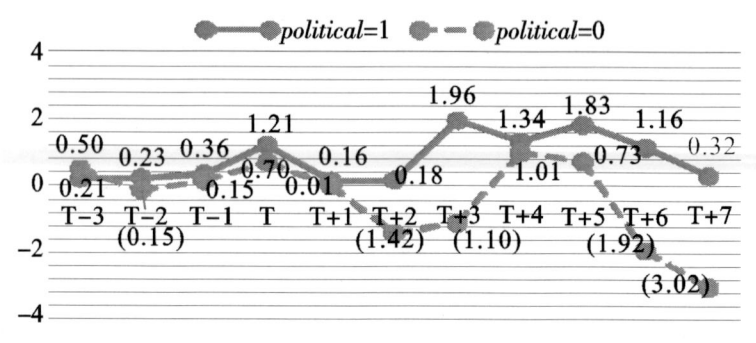

```
         ●——political=1    ●– –●political=0
 4
                             1.96
                                    1.83
 2              1.21              1.34    1.16
    0.50 0.23 0.36      0.16              0.73  0.32
 0  0.21     0.15 0.70 0.01  0.18  1.01
         (0.15)              (1.10)
                       (1.42)        (1.92)
-2
    T-3  T-2  T-1  T  T+1 T+2 T+3 T+4 T+5 T+6 T+7
                                         (3.02)
-4
```

圖9.4 MBO成功企業下高管有無政治背景的NPG變化趨勢圖

圖中，「T」表示企業進行了管理層收購的當年，「T+1」和「T-1」分別表示企業進行管理層收購的後一年和前一年，其餘年份依次類推；「MBO=0」表示企業管理層收購失敗，「MBO=1」表示企業管理層收購成功；「political=0」表示企業高管無政治背景，「political=1」表示企業高管有政治背景。

由圖9.1和圖9.2可以看出，管理層收購成功的企業，ROA和NPG整體來說比管理層收購失敗的企業表現更好。從管理層收購成功的企業來看，其績效（ROA和NPG）表現在成功實施管理層收購當年呈現下滑趨勢，且一直持續到第3年，在成功實施管理層收購後的第4年開始逐漸上升；而對管理層收購失敗的企業來說，其企業績效從其提出管理層收購的當年開始基本一直維持平均水準，但短期內ROA表現要優於管理層收購成功的企業，長期內則表現較差，即成功進行管理層收購的企業比沒能成功進行管理層收購的企業績效短期內會表現較差，長期內表現較好。由圖9.3和圖9.4可以看出，在成功進行管理層收購的企業中，高管有政治背景的企業的績效表現要優於高管無政治背景的企業。

以上對樣本數據的簡要分析大致支持了前述相關的假說，在此基礎上，本部分將進一步對此進行迴歸分析，以檢驗變量之間的複雜聯繫。

9.3 迴歸分析

本部分迴歸分析的思路為：第一，針對企業完成管理層收購的前後，考察企業高管的政治背景對企業績效的影響，及這一影響在發生管理層收購前後是否有差異；第二，對進行管理層收購的企業，考察高管的政治背景是否能影響企業績效，及管理層收購成功的企業，其高管政治背景對企業長、短期績效的影響效應；第三，進一步分析在政府型政治背景和委員型政治背景的高管背景下，對管理層收購企業的長、短期績效影響及差異。

9.3.1 高管政治背景與企業績效

本部分針對模型（6.3.1）分別考察企業發生管理層收購前後，高管政治背景對企業績效的影響，檢驗適用於固定效應模型，迴歸結果見表9.4。

表9.4 企業高管政治背景與管理層收購前後的企業績效

變量	企業績效 Roa MBO 前 (1)	企業績效 Roa MBO 後 (2)	變量	企業績效 Roa MBO 前 (1)	企業績效 Roa MBO 後 (2)
political	-0.445,9** (-0.15)	1.484,8** (0.97)	Institution	0.087,4** (2.42)	0.000,8 (0.04)
Gov_political	-2.748,1** (-0.76)	1.803,3** (1.25)	Age	-3.266,8* (-1.14)	0.204,8* (0.15)
Del_political	-1.258,4** (-1.23)	1.723,8** (0.97)	ROE	1.920,2*** (5.43)	0.293,6*** (9.76)

表9.4(續)

變量	企業績效 Roa MBO 前 (1)	企業績效 Roa MBO 後 (2)	變量	企業績效 Roa MBO 前 (1)	企業績效 Roa MBO 後 (2)
$Mahd$	26.890,9** (1.10)	-23.952,0*** (-1.43)	Lev	0.082,3* (0.89)	-0.152,2** (-1.97)
$Growth$	0.000,6* (0.19)	0.002,8** (2.03)	$TobinQ$	-0.576,7* (-1.36)	0.592,7*** (3.19)
$LSize$	2.005,2** (0.99)	0.892,7* (0.72)	$Cons$	-23.706,6 (-1.22)	-2.806,5** (-0.24)
$Capital$	-4.855,5* (-1.37)	3.516,9*** (2.79)	$R\text{-}squared$	0.752,5	0.856,0
$Rdta$	48.451,6*** (2.04)	-15.178,3** (-2.23)	N	335	335

　　從模型（1）迴歸結果可以看出，企業進行管理層收購前，不論是政府型背景還是委員型背景，高管政治背景對企業的短期績效具有負向的影響效應，相對而言，委員型政治背景的負向影響作用更大。模型（2）迴歸結果還顯示，當企業成功進行管理層收購後，高管的政治背景對企業短期績效的影響關係有了逆轉，表現出了顯著的正向影響關係，政府型背景和委員型背景的正向影響作用差異不大。以上迴歸結果顯示，在企業完成管理層收購前，不論高管擁有哪一類政治背景，對企業的績效都存在抑製作用，但當企業完成管理層收購後，高管的政治背景，不論是政府型背景還是委員型背景，均表現出了對企業績效的促進作用，從而證實了本書的假設3.1。

9.3.2 管理層收購、高管政治背景與企業績效

　　本部分針對模型（6.3.2）和模型（6.3.3）考察了高管的

政治背景在企業完成管理層收購後對企業長、短期績效的影響，檢驗適用於固定效應模型，具體迴歸結果見表9.5。

表9.5　管理層收購、高管政治背景與企業績效

變量	短期 Roa 模型（3）	長期 NPG 模型（4）	變量	短期 Roa 模型（3）	長期 NPG 模型（4）
MBO	-1.101,4** (-1.54)	1.675,7** (0.51)	Institution	-0.001,7* (-0.08)	-0.048,9** (-2.10)
political	1.191,5** (1.11)	2.369,0** (1.39)	Age	0.545,9* (0.686)	2.641,3** (0.61)
MBO*political	0.456,1** (0.44)	3.626,0*** (1.26)	ROE	0.292,5*** (0.00)	0.302,5** (2.18)
Mahd	-24.185,3*** (-1.43)	0.689,7** (0.03)	Lev	-0.151,3** (-1.86)	-0.051,8* (-0.62)
Growth	0.002,8** (2.13)	0.012,0*** (3.61)	TobinQ	0.578,9*** (0.069)	-0.566,2* (-1.01)
LSize	0.840,5* (2.13)	-0.814,0** (-0.52)	Cons	-2.381,6* (-0.19)	6.134,2* (0.46)
Capital	3.849,8*** (3.26)	-1.630,8* (-0.65)	R-squared	0.752,5	0.856,0
Rdta	-15.483,4** (-2.32)	59,490* (0.35)	N	335	505

從表9.5中的結果可以看出，無論企業是否成功進行了管理層收購，高管具有政治背景對企業的長、短期績效都有顯著的正向影響效應。當管理層完成收購後，這一正向影響關係變得更明顯，特別是對企業的長期績效影響，即當管理層收購成功，高管的政治背景對企業短期績效的正向作用有了進一步的促進，而對長期績效的促進作用則有了更明顯的增強。這一實證結果說明，管理層收購企業更有利於發揮高管的政治背景對企業績效的促進作用，結果證實了前文的研究假設3.2。

9.3.3 管理層收購、高管政治背景類型與企業績效

模型（5）、模型（6）的迴歸結果是基於模型（6.3.4）和模型（6.3.5）檢驗企業成功進行管理層收購後，不同的高管政治背景對企業長、短期績效的影響效應。檢驗適用於固定效應模型，具體結果見表9.6。

表9.6 企業的高管政治背景與企業績效迴歸結果

變量	Roa模型（5）	NPG模型（6）	變量	Roa模型（5）	NPG模型（6）
MBO	-1.533,4*** (-1.88)	0.902,5** (0.512)	Rdta	-16.467,2*** (-2.49)	9.779,5* (0.50)
Gov_Political	1.484,8** (0.97)	1.793,9* (0.83)	Institution	-0.007,3* (-0.35)	-0.029,5*** (-1.50)
Del_Political	1.803,3** (1.25)	3.248,6* (0.370)	Age	0.797,7* (0.58)	1.914,8* (0.49)
MBO_Gov_Political	0.773,1** (0.65)	1.957,2*** (1.09)	ROE	0.290,8*** (0.00)	0.303,1*** (0.036)
MBO_Del_Political	1.623,4*** (1.07)	-5.570,9*** (-1.12)	Lev	-0.155,3* (-1.85)	-0.047,1 (-0.57)
Mahd	-24.474,4*** (-1.45)	0.723,9* (0.04)	TobinQ	0.580,9* (0.003)	-0.431,8* (-0.83)
Growth	0.002,7*** (1.98)	0.012,8*** (3.75)	Cons	-2.806,7* (-0.22)	4.803,9* (0.40)
LSize	0.880,2** (0.67)	-0.743,0* (-0.48)	R-squared	0.750,9	0.890,6
Capital	3.831,9*** (3.39)	-1.486,7* (-0.59)	N	335	505

由模型（5）和模型（6）的結果可以看到，高管的政治背景，不論是從企業的短期績效還是長期績效來看，整體來說對企業的績效都具有顯著的促進作用，且不論高管的政治背景是政府型背景還是委員型背景。

實證結果顯示，成功進行了管理層收購的企業，其短期績效顯著低於管理層收購失敗的企業，但與之相反的，管理層收購的企業，長期績效會顯著高於非管理層收購的企業。同時，管理層收購成功的企業，政府型的高管政治背景對企業的短期績效和長期績效的正向影響效應都有顯著的促進作用；但委員型的高管政治背景對短期績效有促進作用，但對長期績效卻有負向調節作用。以上迴歸結果驗證了本書的研究假設3.3，不同類型的高管政治背景，對管理層收購企業的長、短期績效有不同的影響效應。

9.3.4 穩健性檢驗

為了檢驗已有模型的穩健性，本部分對樣本數據時間進行了調整，並重新對以上三個假設進行了迴歸分析。由於2000年以前的數據太過久遠，部分財務數據嚴重缺失，並且2000年以後，中國的會計科目進行了較大的調整與變動，一些資產類科目變動後對本書的數據影響較大，於是本部分最終選取了在2000—2005年進行管理層收購的企業作為樣本，並對上文中的三類假設重新建模，建模結果見表9.7和表9.8。

表 9.7　假設一的穩健性檢驗結果

變量	假設 1 企業績效 Roa MBO 前(1)	MBO 後(2)	變量	企業績效 Roa MBO 前(1)	MBO 後(2)
$political$	-0.801,7*** (-1.4)	0.119,9* (0.05)	$Institution$	-0.016,15 (-0.63)	-0.039,6** (-1.87)
$Gov\_political$	-6.256,3** (-1.03)	5.729,0** (1.79)	Age	0.324,9 (0.22)	3.590,4 (0.85)
$Del\_political$	-1.258,4** (-1.23)	1.723,8** (0.97)	ROE	0.286,6*** (8.79)	0.316,9*** (2.07)
$Mahd$	-6.256,3** (-1.03)	20.729,0** (1.79)	Lev	-0.162,2* (-1.93)	-0.547,0 (-0.64)
$Growth$	0.003,0** (0.057)	0.012,6*** (3.79)	$TobinQ$	0.723,8*** (4.49)	-0.515,9* (-0.79)
$LSize$	1.592,2* (0.427)	-1.128,9 (-0.63)	$Cons$	-11.003,9* (-0.56)	7.218,8 (0.46)
$Capital$	3.544,7*** (0.014)	-2.751,3* (-1.00)	$R\text{-}squared$	0.747,5	0.899,0
$Rdta$	-16.088,2*** (-2.17)	6.371,9 (0.36)	N	307	307

表 9.8　假設二和假設三的穩健性檢驗結果

變量	假設 2 短期 Roa 模型(5)	長期 NPG 模型(6)	假設 3 短期 Roa 模型(3)	長期 NPG 模型(4)
MBO	-0.826,6** (-1.06)	2.274,4** (0.51)	-1.303,6** (-1.46)	1.166,1** (0.78)
$political$	1.135,8** (0.96)	-2.908,0** (-1.49)	—	—

表9.8(續)

變量	假設2 短期 *Roa* 模型(5)	假設2 長期 *NPG* 模型(6)	假設3 短期 *Roa* 模型(3)	假設3 長期 *NPG* 模型(4)
Gov_Political	—	—	1.596,3* (0.93)	-2.059,3** (-0.87)
Del_Political	—	—	1.669,0* (1.12)	2.988,4** (0.85)
MBOpolitical	0.176,7*** (0.17)	3.803,3*** (0.99)	—	—
MBO_Gov_Political	—	—	0.501,1** (0.42)	1.458,3** (0.88)
MBO_Del_Political	—	—	1.400,8** (0.92)	-6.246,5*** (-1.34)
Mahd	-6.897,0* (-1.04)	23.312,9** (2.02)	-7.151,9* (-1.12)	-19.201,4* (-1.86)
Growth	0.003,0*** (2.06)	0.012,5*** (3.73)	0.002,8*** (1.89)	0.013,3*** (3.95)
LSize	1.455,2 (0.70)	-1.520,5 (-0.76)	1.448,2 (0.69)	-1.232,5 (-0.70)
Capital	3.788,1*** (2.91)	-2.039,3* (-0.80)	3.845,0*** (3.02)	-1.953,1 (-0.74)
Rdta	-16.107,1** (-2.24)	5.720,6 (0.33)	-17.602,9** (-2.44)	10.307,3 (0.51)
Institution	-0.016,1* (-0.56)	-0.045,0** (-2.06)	-0.021,9 (-0.79)	-0.029,0* (-1.33)
Age	0.639,1 (0.46)	4.615,7** (0.97)	0.979,1* (0.7)	3.509,7* (0.90)
ROE	0.286,2*** (8.49)	0.314,8*** (2.10)	0.285,2*** (8.46)	0.313,6*** (2.08)

表9.8(續)

變量	假設2 短期 Roa 模型(5)	假設2 長期 NPG 模型(6)	假設3 短期 Roa 模型(3)	假設3 長期 NPG 模型(4)
Lev	-0.159,9** (-1.82)	-0.053,9* (-0.63)	-0.163,2* (-1.80)	-0.051,1* (-0.59)
$TobinQ$	0.699,5*** (4.20)	-0.632,6* (-0.90)	-0.696,0*** (4.01)	-0.436,9** (-0.71)
$Cons$	-9.546,5 (-0.46)	11.347,0 (0.64)	-9.560,1 (-0.46)	7.906,1 (0.53)
$R-squared$	0.735,3	0.887,0	0.731,0	0.873,0
N	307	467	307	467

在剔除受政策及其他因素影響的年份後，假設一到假設三的迴歸結果中，解釋變量與被解釋變量之間的符號均與原模型符號一致，且均在10%的顯著水準下顯著，所以第一類穩健性檢驗是支持原假設的，故在企業完成管理層收購前，高管政治背景對企業績效有抑製作用，且不論是政府型高管政治背景，還是委員型高管政治背景均表現的是抑製作用。但在企業完成管理層收購後，高管政治背景對企業績效是促進作用，且不論是政府型高管政治背景，還是委員型高管政治背景均表現的是促進作用。高管的政治背景對成功完成管理層收購的企業的短期績效有改善作用，對長期績效有促進作用。高管的政府型政治背景和委員型政治背景對管理層收購企業的短期績效均有促進作用，但高管的政府型政治背景對管理層收購企業的長期績效是促進作用，高管的委員型政治背景對管理層收購企業的長期績效卻是抑製作用。

三、結論篇

10　結論與啟示

10.1　高管金融背景與企業金融化

10.1.1　研究結論

當前經濟金融化在全球經濟中的作用越來越重要，企業金融化在微觀層面也產生了不可忽視的影響。在經濟新常態的背景下，越來越多的企業面臨著產業結構的升級與調整，為了獲取更多的利潤，越來越多的非金融企業意欲在金融市場另闢蹊徑。在此背景下，本書著重考察高管的金融背景是如何影響企業金融化程度的，並將這一影響關係置於不同要素密集度的企業條件下。本書通過聚類分析將樣本企業劃分為技術密集型企業、資本密集型企業、勞動密集型企業及其他密集型企業四個類型，同時以金融收益占比、金融資產持有率分別對企業的收益金融化程度和資產金融化程度進行度量，最後基於面板模型實證分析了高管金融背景和企業金融化的關係，以及不同的企業要素密集度類型對此的調節效應。通過實證分析，本書得出以下結論：

（1）高管金融背景與企業金融化水準存在顯著的正相關關

係，即企業具有金融背景的高管越多，其企業的資產金融化水準和收益金融化水準也就越高。

（2）不同要素密集型的企業，其金融化水準顯著不同。其中，技術密集型企業的資產金融化水準和收益金融化水準都顯著低於其他類型企業；勞動密集型企業無論在資產金融化水準還是收益金融化水準方面都顯著高於其他類型企業；資本密集型企業在資本金融化方面水準較低，在收益金融化程度方面沒有顯著異質性。

（3）企業的要素密集度類型對高管金融背景與企業金融化水準的關係具有顯著的調節作用，具體為：①對於勞動密集型企業，具有金融背景的高管對於企業資產金融化水準和收益金融化水準的影響程度更強；②對於技術密集型企業，高管的金融背景對企業資產金融化水準和收益金融化水準的影響相對更為弱化；③對於資本密集型企業，高管的金融背景對企業資產金融化水準和收益金融化水準的關係均沒有顯著的調節作用。

10.1.2 啟示

企業金融化作為一把雙刃劍，一方面可以擴大企業的融資與投資渠道，提高投融資收益；另一方面，過度金融化會影響非金融企業的核心業務，不利於實體經濟的發展。金融化程度較高的企業，除了面臨經營風險外還可能面臨巨大的金融風險問題，企業的發展越發具有不確定性，高管的經營管理也更具挑戰性。本書在研究過程中，根據要素稟賦理論，對樣本企業的要素密集度進行了區分，同時結合企業金融化的測度與實證分析的結論，主要提出以下兩條建議：

（1）積極明確企業自身主營業務發展戰略。

企業進行金融化投資的主要目的是為了增加盈利，擴大企

業收入，而作為上市企司，應該有明確、積極的主營業務發展戰略，而不是單純為了提高企業利潤而盲目地進行金融化投資。企業在進行金融化投資決策時，必須充分符合公司的整體經營發展戰略，要考慮到企業金融化是否會影響到企業主營業務的發展。

對於資本密集型企業，其所從事的主營業務本來就需要大量的資本運作，且資金週轉和投資效果都相對較慢，如果不明確主營業務發展方向而盲目進行金融化投資，可能將資本浪費在非核心業務上，給企業的主營業務發展帶來不良影響。

對於技術密集型企業，價值創造的主體是企業的高級管理層和核心技術骨幹，企業的絕大部分資金需要投入到技術研發中去，如果盲目地進行金融化投資，會給企業的資金流帶來負面影響，從而影響到企業的主營業務。

對勞動密集型企業，其金融化程度相對較高，這是因為這些企業的員工大多數都是普通的勞動人員，且一般生產的都是初級產品，企業的生產成本很低，企業有足夠的資金流進行金融化投資。但是如果其金融化程度長期處於較高水準，會使這些企業的主營業務得不到發展和升級，這對企業的長遠發展不利，也會對企業的發展有較大負面影響。

總之，儘管資本密集型企業和技術密集型企業的金融化程度要低於勞動密集型企業，但不同要素密集型的企業其自身特徵不同，所能承受的金融化風險程度不同，企業在制定金融化發展策略時，應充分考慮到企業的長遠發展，結合自身行業生產要素特徵，明確企業自身主營業務的發展戰略。

（2）關注企業管理團隊的背景特徵。

企業管理中高管是核心，其背景特徵可以顯著改變其投資決策行為以及風險偏好。本書發現，高管擁有金融背景可以使

企業更容易瞭解企業金融化的後果,並運用自己的專業能力更好地利用與應對企業金融化。不同要素密集型的企業,其金融背景的高管對企業金融化水準的作用也是不同的。因此,在招聘高管時,不同企業應該考慮自身情況以及高管金融背景產生的影響。

對於技術密集型企業,該類型企業對技術要求很高,通常這類型企業成長性很強,通過上文研究得出,技術密集型企業會削弱高管金融背景與企業金融化水準的正相關關係。技術密集型企業的高管往往都是技術專業出身,如果這類型企業再聘請更多的具有金融、財務相關背景的高管,既可以幫助企業優化資源的合理配置,並且此時較低的企業金融化水準也不會影響到企業核心業務,有利於企業長遠發展。

對於資本密集型企業,這類企業資產多、規模大,但資產流動性很差,高管進行相關金融領域投資決策的操作空間很小,也符合上文的研究結果:在資本密集型企業中高管金融背景不會影響企業的金融化水準。所以,資本密集型企業可以適當控制具有金融背景的高管數量,轉而選擇聘請其他對企業有更大幫助的專業人士。

對於勞動密集型企業,其主營業務的低收入導致企業高管傾向投資金融領域,從而使這類型企業的金融化程度較高,並且通過上文研究得出,勞動密集型企業中,高管金融背景對企業金融化的影響程度最大,即相比其他類型企業,同樣具有金融背景的高管,在勞動密集型企業中企業的金融化水準提高更多。所以說,勞動密集型企業需要減少具有金融背景的高管,減少金融領域的投資,將焦點放到企業的主營業務上。

總之,企業不論是減少具有金融背景的高管數量,還是增加具有金融背景的高管數量,都是為了企業的長遠發展,為了

給企業謀取更大的利益，不同類型的企業需根據自身行業生產要素特徵，關注高管的專業背景是否貼合企業長遠發展的戰略，從而採取不同的高管聘用策略及相關的激勵政策。

10.1.3 研究的不足

本書以要素密集度為視角，考察高管金融背景和企業金融化水準兩者之間的關係，選取中國上市企業的數據，通過實證檢驗獲得相關研究結論，並為上市企業提出相關建議，但受限於樣本數據和研究設計的缺陷，研究過程中仍存在不足之處，有待改進：

第一，本書將企業高管團隊作為整體來衡量金融背景程度，忽視了不同職位對企業經營決策的影響存在差異。因此，未來針對高管團隊的背景研究，還應結合高管的具體職位深入展開。

第二，本書從要素密集度視角做實證研究，將樣本企業分為勞動密集型企業、技術密集型企業、資本密集型企業以及其他密集型企業四類。對於要素密集度的分類，學術界還存有不同看法，因此未來可以針對要素密集度做出更為細化的分類研究。

第三，由於數據的可得性限制，本書僅選取上市企業的數據來探索高管金融背景對企業金融化的影響，上市企業普遍存在規模效應、明星企業效應和資源效應，因此本書的研究是否對非上市企業也適用，還值得進一步探討。

10.2 CEO 一般管理能力與企業創新

10.2.1 研究結論

創新作為國民經濟發展的重要驅動力，是企業生存與發展的根本。對於企業創新的影響因素，學者們進行了諸多研究，主要是從環境因素、組織因素、個人因素三個方面進行探索。本書參考了 Custodio 等（2013）的相關理論與研究思路，從 CEO 職業生涯的五個方面描述了 CEO 一般管理能力，以此形成了衡量 CEO 一般管理能力的 GAI 指數。在此基礎上，本書實證研究了 CEO 的一般管理能力對企業創新投入、創新產出與創新質量的影響，同時考慮到企業不同的內部治理結構，會影響 CEO 一般管理能力對企業創新的作用機制，進而從企業股權集中度、股權制衡度和股權性質三個角度，綜合考察了在此條件下 CEO 一般管理能對企業創新的影響。通過實證分析，我們得出以下結論：

（1）CEO 一般管理能力對企業創新有正向影響，即一般管理能力越強的 CEO，越傾向於加大企業創新投入，也更容易有更好的創新產出表現。CEO 一般管理能力反應出 CEO 的認知能力，一般管理能力強的 CEO 累積了更豐富的社會關係，最終將這些特質反應在企業的創新戰略抉擇上。

（2）企業的股權集中度越高，越會制約 CEO 一般管理能力的良好發揮，從而相對降低了企業無論是創新投入，還是創新產出與創新質量的水準。股權集中度越高，企業往往越容易被一個大股東控制，大股東不可避免會對 CEO 的經營決策進行干

涉，所以 CEO 的一般管理能力難以在企業創新投入過程中產生積極影響。

（3）企業股權制衡度越大，第一大股東的話語權越弱，企業的股權結構相對平衡，越有利於 CEO 的一般管理能力發揮，從而更有利於促進 CEO 一般管理能力對企業在創新投入、創新產出與創新質量三個方面的正向作用。

（4）在國有企業中，CEO 在行使決策權過程中會受到來自包括政府行政命令等更多方面的制約，這有礙於 CEO 一般管理能力的發揮，相對於非國有企業，國有企業的 CEO 在職期間往往更願意追求企業的平穩發展，更加重視的是上級交給的行政任務，而不願意承擔企業創新帶來的風險，因此，國有企業的環境不利於 CEO 對企業創新作用的發揮，特別是不利於對企業創新質量促進作用的發揮。

10.2.2 啟示

中國目前正處於經濟結構轉型的關鍵時期，企業的創新環境正在不斷改善中，這既是機遇也是挑戰。已有研究表明企業有效的創新活動能夠不斷增強企業的競爭優勢，提升企業價值。本書的實證研究證實了基於 CEO 豐富的職業經歷下的 CEO 一般管理能力更有利於企業的技術創新，但是由於 CEO 的管理決策的行為與執行情況都會受到企業內部治理結構的影響，因此本書從股權特徵出發，發現企業的股權集中度、股權制衡度與股權性質都對這一影響關係有顯著的調節作用。基於此，如何獲得一般管理能力強的高管，以及如何更好地建立企業內部治理結構，以此最大限度地激發高管管理水準對企業創新的促進作用，都值得我們思索。

（1）優化高管團隊。

高管團隊是企業戰略的制定者與實施者，一個優秀的高管團隊對企業的經營管理決策有著至關重要的作用。CEO作為高管團隊的核心人物，企業要想持續發展，CEO的選擇十分關鍵。根據本書的研究結論，一般管理能力強的CEO可以促進企業的創新表現。CEO一般管理能力主要來自其職業背景，當其職業生涯中擔任的職位數越多，工作過的企業越多等，其職業經驗會越豐富，這類CEO擁有更廣的知識領域和更高的風險承擔能力，其一般管理水準越高，越能推動企業進行積極的創新活動。

（2）完善內部治理制度。

現代企業的基本模式形成了委託代理關係，由委託代理關係產生了委託代理問題。而委託代理問題的根本原因是經營者和所有者雙方利益不完全一致，從而影響企業績效。從研究結論看，股權集中度過高，企業由一個或少數幾個大股東控制，此時大股東可能會對企業進行干涉，從而影響CEO一般管理能力對企業創新的促進作用；當企業股權保持適度水準，股東之間互相牽制，讓任意一個股東都無法根據個人意願干涉CEO的管理決策，並且股東之間會為了實現長遠利益，對CEO進行更好地引導，所以股權制衡度對CEO一般管理能力與企業創新之間的關係有正向調節作用；另有研究結果顯示，國有企業會抑制CEO一般管理能力對企業創新的促進作用。綜上所述，為了更好地發揮與促進CEO對企業創新的影響作用，企業應該完善其股權結構設置，要尋求一種有效的股權制衡機制，以此完善企業內部治理制度。

10.2.3　研究的不足

本書採用主成分分析法，從 CEO 五個職業背景出發構造了反應 CEO 一般管理能力的管理能力指數，考察了在企業股權特徵背景下，CEO 一般管理能力對企業創新的影響作用。研究過程受限於樣本數據和研究設計的缺陷，仍存在不足之處：

第一，本書提出了 CEO 管理能力可分為一般管理能力與特定企業的管理能力，主要研究了 CEO 一般管理能力對企業創新的影響，但對 CEO 的特定企業的管理能力對企業創新的影響並沒有進行探究，因此我們難以明確 CEO 這兩個方面的管理能力對企業創新哪一個更具重要性，更值得企業在選聘 CEO 時著重考慮，這值得在未來進一步完善。

第二，本書對 CEO 一般管理能力的測度主要是基於 CEO 職業背景五個方面的表現。這一設計的出發點是考慮到管理能力的可測量化，但從理論上講，這一測度有其自身的缺陷，管理能力、管理經驗並不一定就是職業生涯豐富度的線性函數，可能還蘊含 CEO 的其他背景和其他一些個人特質，這一問題的研究還有待進一步深入。

第三，本書數據均來自 CSMR 數據庫、wind 數據庫、企業年報公告以及國家專利信息網，但由於目前信息披露機制不夠完善，部分數據存在缺失或者無法校驗真偽，筆者雖然已盡可能補充數據和擴大數據量，但仍然存在數據噪音，可能會對結果產生影響。

10.3　高管政治背景與企業績效

10.3.1　研究結論

本書基於管理層收購（MBO），深入討論了高管不同政治背景對企業的長期與短期績效的影響作用，得到如下研究結論：

從短期來看，企業高官的政治背景對完成管理層收購前的績效影響是抑製作用，且不論是政府型高管政治背景還是委員型高管政治背景，其對完成管理層收購前的績效影響均是抑製作用。當企業完成管理層收購後，企業高管擁有政治背景時，在政治資源和企業權力的雙重優勢下，企業會因為減少尋租成本、帶來融資便利、政府救濟和補貼、稅收優惠等好處對企業短期績效產生改善作用，且不論是政府型高管政治背景還是委員型政治背景，兩者對企業均會帶來短期的優勢，從而促進企業短期績效的改善。

從長期來看，在高管政治背景因素的影響下，管理層收購成功的企業的績效長期內會表現較好，但是只有政府型的高管政治背景才會對管理層收購成功的企業的長期績效有促進作用，委員型的高管政治背景則會產生抑製作用。管理層收購成功的企業因決策體制、激勵機制與約束機制會對長期績效產生促進作用，當管理層收購成功的企業的高管擁有政治背景時，在政治資源和企業權力的雙重優勢下，企業會因為減少尋租成本、融資更便利、政府救濟和補貼增加、稅收優惠等好處對企業長期績效產生促進作用，但是政府型的高管背景對減少企業尋租成本的優勢更明顯，且是一種更易維持的政治資源，而委員型

高管政治背景雖然會促進企業便利融資和多元化經營，但這種關係屬於間接聯繫，維持這種資源更難，且隨著時間的推移，這種資源的影響效果會逐漸減弱，後期反而會因為維持這種資源而投入更多的尋租成本。故政府型高管政治背景會對管理層收購成功的企業的長期績效有促進作用，委員型高管政治背景則會產生抑製作用。

10.3.2 啟示

高管的政治資源對企業發展的影響效應，在管理層收購企業中表現得更為清晰。針對以上的研究結論，本書認為從促進企業績效增長的角度來看，可以關注以下幾個方面。

推動企業管理層持股，加快推動有條件的企業實施管理層收購，有利於企業長期發展。經過幾十年的發展，中國有關企業管理的法律已經逐漸完善，對於管理層收購也有明確的政策規範，在法律制度日益完善的同時，如何在原有的規定中發揮企業管理的最大效益已經成為中國企業家追求的最大目標。管理層收購作為企業高管實現自我身分轉變的最有效途徑，一方面高管可以借助管理層收購實現自我價值及抱負，更忠心地投身於企業長期穩定的發展建設，另一方面，也有助於改善原有企業管理落後的問題，增強企業活力，加強員工對企業的忠誠度，以確保企業長期發展。但是需要注意在實施管理層收購時，可能存在管理層為了鞏固自己地位，謀取個人私利而影響到企業的短期利益的行為，對於此類問題國家需要完善相關法律的規定，也需要企業自身建立有效的約束機制，減少或杜絕此類問題的發生。

積極推動國有企業或者有政治背景的高管實施管理層收購。中國的國有企業不僅包括向社會提供公共產品的企業，也包括

相當數量提供非公共產品的企業，對於這部分企業，完全可以按照市場經濟規律運作，對符合條件的企業實施包括管理層收購在內各種形式的產權制度改革。在中國特有的政治結構背景下，中國的國有企業自身攜帶足夠的政治資源，讓攜帶政治資源的高管通過管理層收購轉變成為企業的擁有者，可為實施管理層收購的企業減少尋租成本、帶來融資便利、政府救濟和補貼、稅收優惠等好處，從而對企業績效產生有利作用，這樣不僅解決了企業可能與政府存在的利益交易等腐敗問題，也解決了企業長期穩定發展的問題。

有必要多角度地衡量企業高管的政治資源類型。中國的企業高管的政治背景豐富而又隱密，除了直接的政治背景外，部分間接的政治背景對企業的影響也很重要。在實施管理層收購時，與政府有關的高管政治背景對減少企業尋租成本的影響更明顯，且是一種更易維持的政治資源，而委員型高管政治背景屬於間接聯繫，維持資源很難，後期反而會因為維持這種資源而投入更多的尋租成本。企業需根據自身的情況來做決策，根據自身的長、短期目標及所擁有的資源，合理選擇管理層收購的時機，根據企業發展做出適時的調整。

10.3.3 研究的不足

本書從高管政治背景出發，就管理層收購（MBO）對企業的長、短期績效的影響進行了實證分析，但是基於企業績效評價的複雜性、數據可得性及筆者研究能力的限制，研究過程仍存在著缺陷：

中國是在 1997 年才出現第一例上市企業管理層收購案例，截至目前，雖然已過去了 20 多年，但是成功實施管理層收購且相關研究數據完整的、可查的上市企業數只有 50 家。考慮到樣

本數據的限制，本書將所有實施管理層收購的上市企業作為一個整體進行研究，忽略了行業差異對企業績效的影響。實際上，不同行業有不同的發展週期，不同企業的發展階段也會不同，這些均可能會影響企業的績效表現。在今後的實證研究中，隨著中國上市企業管理層收購的案例數增加，按照不同的行業對上市企業管理層收購的績效表現進行分析，其結論可能更具可靠性。

本部分研究的時間區間是 1997—2016 年，時間跨度較大。在此期間，中國的會計政策發生過多次變化和調整，對上市企業的生產經營行為帶來了一定的影響。但本書在研究過程中，考慮了會計政策對上市企業財務數據的影響，對本書中相關指標數據進行了對應的取捨和替換，以盡量避免因會計政策變化帶來的誤差。此外，對企業績效的長期和短期測度，也存在由於指標選取的差異帶來的研究誤差，未來學者們可進一步對該問題進行更為深入的探索。

參考文獻

蔡明榮, 任世馳, 2014. 企業金融化: 一項研究綜述 [J]. 財經科學 (7): 41-51.

曾萍, 鄧騰智, 2012. 政治關聯與企業績效關係的 Meta 分析 [J]. 管理學報 (11): 1600-1608.

陳共榮, 曾峻, 2005. 企業績效評價主體的演進及其對績效評價的影響 [J]. 會計研究 (4): 65-68.

陳見麗, 2014. 政治關係如何推動創業板公司的 IPO 估值泡沫 [J]. 財經科學 (2): 41-50.

池國華, 楊金, 鄒威, 2014. 高管背景特徵對內部控制質量的影響研究——來自中國 A 股上市公司的經驗證據 [J]. 會計研究 (11): 67-74.

鄧建平, 曾勇, 2011. 金融關聯能否緩解民營企業的融資約束 [J]. 金融研究 (8): 78-92.

杜興強, 郭劍花, 雷宇, 2009. 政治聯繫方式與民營上市公司業績:「政府干預」抑或「關係」? [J]. 金融研究 (11): 158-173.

傅家驥, 程源, 1998. 面對知識經濟的挑戰, 該抓什麼?——再論技術創新 [J]. 中國軟科學 (7): 36-39.

高建，汪劍飛，魏平，2004. 企業技術創新績效指標：現狀、問題和新概念模型 [J]. 科研管理（S1）：14-22.

黃繼承，盛明泉，2013. 高管背景特徵具有信息含量嗎？[J]. 管理世界（9）：144-153.

江軒宇，許年行，2015. 企業過度投資與股價崩盤風險 [J]. 金融研究（8）：141-158.

姜付秀，支曉強，張敏，2008. 投資者利益保護與股權融資成本——以中國上市公司為例的研究 [J]. 管理世界（2）：117-125.

柯江林，張必武，孫健敏，2007. 上市公司總經理更換、高管團隊重組與企業績效改進 [J]. 南開管理評論（4）：104-112.

雷海民，梁巧轉，李家軍，2012. 公司政治治理影響企業的營運效率嗎：基於中國上市公司的非參數檢驗 [J]. 中國工業經濟（9）：109-121.

李春濤，宋敏，2010. 中國製造業企業的創新活動：所有制和CEO激勵的作用 [J]. 經濟研究，45（5）：55-67.

李國勇，蔣文定，牛冬梅，2012. CEO特徵與企業研發投入關係的實證研究 [J]. 統計與信息論壇，27（1）：77-83.

李善民，李珩，2003. 中國上市公司資產重組績效研究 [J]. 管理世界（11）：126-134.

劉篤池，賀玉平，王曦，2016. 企業金融化對實體企業生產效率的影響研究 [J]. 上海經濟研究（8）：74-83.

劉慧龍，張敏，王亞平，等，2010. 政治關聯、薪酬激勵與員工配置效率 [J]. 經濟研究（9）：134-138.

潘紅波，餘明桂，2010. 政治關係、控股股東利益輸送與民營企業績效 [J]. 南開管理評論（4）：14-27.

彭俞超，倪驍然，沈吉，2018. 企業「脫實向虛」與金融市場

穩定——基於股價崩盤風險的視角 [J]. 經濟研究, 53 (10): 50-66.

錢錫紅, 楊永福, 徐萬里, 2010. 企業網絡位置、吸收能力與創新績效——一個交互效應模型 [J]. 管理世界 (5): 118-129.

宋軍, 陸旸, 2015. 非貨幣金融資產和經營收益率的 U 形關係: 來自中國上市非金融公司的金融化證據 [J]. 金融研究 (6): 111-127.

孫喜平, 張慶, 2006. 中國上市公司管理層收購財務績效的實證研究 [J]. 中央財經大學學報 (2): 64-69.

王化成, 劉俊勇, 2004. 企業業績評價模式研究——兼論中國企業業績評價模式選擇 [J]. 管理世界 (4): 82-91.

王慶文, 吳世農, 2008. 政治關係對公司業績的影響——基於中國上市公司政治影響力指數的研究 [J]. 中國第七屆實證會計國際研討會 (12): 744-758.

衛武, 2006. 中國環境下企業政治資源、政治策略和政治績效及其關係研究 [J]. 管理世界 (2): 95-109.

吳文鋒, 吳衝鋒, 劉曉薇, 2008. 中國民營上市公司高管的政府背景與公司價值 [J]. 經濟研究 (7): 130-141.

夏光, 張勝波, 黃穎. 人力資本內涵與分類的再研究 [J]. 人口學刊, 2008 (1): 59-61.

謝家智, 王文濤, 江源, 2014. 製造業金融化、政府控制與技術創新 [J]. 經濟學動態 (11): 78-88.

薛有志, 李國棟, 2009. 多元化企業內部控制機制實現路徑差異性研究——基於高階梯隊理論視角 [J]. 當代經濟科學 (2): 85-92.

楊國忠, 楊明珠, 2016. 基於 CEO 變動調節效應的高管團隊特徵對企業研發投資及技術創新績效的影響研究 [J]. 工業技

術經濟，35（2）：51-59.

楊建君，盛鎖，2007. 股權結構對企業技術創新投入影響的實證研究［J］. 科學學研究（4）：787-792.

楊建君，王婷，劉林波，2015. 股權集中度與企業自主創新行為：基於行為動機視角［J］. 管理科學，28（2）：1-11.

[67] 楊其靜，2011. 企業成長：政治關聯還是能力建設？［J］. 經濟研究（10）：54-66.

葉玲，王亞星，2013. 管理者過度自信、企業投資與企業績效——基於中國 A 股上市公司的實證檢驗［J］. 山西財經大學學報，35（1）：116-124.

於長宏，原毅軍，2018. 管理者過度自信與企業創新戰略選擇［J］. 系統工程學報，33（2）：175-181.

餘明桂，李文貴，潘紅波，2013. 管理者過度自信與企業風險承擔［J］. 金融研究（1）：149-163.

袁建國，後青松，程晨，2015. 企業政治資源的詛咒效應——基於政治關聯與企業技術創新的考察［J］. 管理世界（1）：139-155.

翟勝寶，張勝，謝露，等，2014. 銀行關聯與企業風險——基於中國上市公司的經驗證據［J］. 管理世界（4）：53-59.

張紀，2013. 基於要素稟賦理論的產品內分工動因研究［J］. 世界經濟研究（5）：3-9，87.

張慕瀕，孫亞瓊，2014. 金融資源配置效率與經濟金融化的成因——基於中國上市公司的經驗分析［J］. 經濟學家（4）：81-90.

張慕瀕，諸葛恒中，2013. 全球化背景下中國經濟的金融化：涵義與實證檢驗［J］. 世界經濟與政治論壇（1）：122-138.

張宇，李仕明，馬永開，2005. 西方 MBO 動因理論及其在中國

實踐中的異化分析［J］.當代經濟管理（5）：19-22，84.

張振剛，餘傳鵬，李雲健，2016.主動性人格、知識分享與員工創新行為關係研究［J］.管理評論，28（4）：123-133.

趙書華，張弓，2009.對服務貿易研究角度的探索——基於生產要素密集度對服務貿易行業的分類［J］.財貿經濟（3）：90-95.

朱桂龍，周蓮子，胡劍鋒，2006.論企業突破性技術創新的戰略風險管理［J］.科技進步與對策（11）：66-68.

朱凱，林旭，洪奕昕，等，2016.官員獨董的多重功能與公司價值［J］.金融研究（12）：128-142.

朱欣蕊，韓少真，張曉明，2014.股權結構對企業創新投入的影響——來自中國上市公司2010—2012年的經驗數據［J］.生產力研究（4）：21-25.

ADHIKARI A, DERASHID C, ZHANG H, 2006. Public policy, political connections, and effective tax rates: Longitudinal evidence from Malaysia［J］. Journal of Accounting and Public Policy (9): 574-595.

BECKER G, 1962. Investment in human capital: A theoretical analysis［J］. Political Economy, 70 (5): 9-49.

BERGER A N, UDELL G F, 2002. Small business credit availability and relationship lending: The importance of bank organisational structure［J］. Economic Journal, 112: 477.

BERTRAND M, SCHOAR A, 2003. Managing with style: The effect of managers on firm policies［J］. Quart Economy, 68 (4): 1169-1208.

BRICK I E, PALIA D, 2007. Evidence of jointness in the terms of relationship lending［J］. Journal of Financial Intermediation, 16

(3): 452-476.

CHANSOG (FRANCIS) KIM, CHRISTOS PANTZALIS, JUNG CHUL PARK, 2012. Political geography and stock returns: The value and risk implications of proximity to political power [J]. Journal of Financial Economics (106): 196-228.

CUSTODIO C, 2013. Generalists versus specialists: Lifetime work experience and chief executive officer pay [J]. Journal of Financial Economics (108): 471-492.

CLEVELAND CHAVA S, OETTL A, SUBRAMANIAN A, et al., 2013. Banking deregulation and innovation [J]. Financial Economy, 109 (3): 759-774.

ACEMOGLU D, JOHNSON S, KERMANI A, et al., 2016. The value of connections in turbulent times: Evidence from the United States [J]. Journal of Financial Economics (8): 368-391.

DE D, CHOWDHURY S, KUMAR DEY P, et al., 2018. Impact of lean and sustainability oriented innovation on sustainability performance of small and medium sized enterprises: a data envelopment analysis-based framework [J]. International Journal of Production Economics (8): 416-430.

ELSAS R, KRAHNEN J P, 2005. Is relationship lending special?: Evidence from credit-file data in Germany [J]. Cfs Working Paper, 22 (10-11): 1283-1316.

FACCIO M, MASULIS R W, 2005. The choice of payment method in European mergers and acquisitions [J]. The Journal of Finance (60): 1345-1388.

GYEKEDAKO A, AGBLOYOR E K, TURKSON F E, et al., 2018. Financial Development and the Social Cost of Financial Intermediation in Africa [J]. Journal of African Business (4): 1-20.

HAMBRICK D C, FUKUTOMI G D S, 1991. The seasons of a manager's tenure [J]. Academy of Management Review, 16 (4): 719-742.

HAMBRICK D C, MASON P A, 1984. Upper echelons: The organization as a reflection of its top managers [J]. Academy of Management Review, 9 (2): 193-206.

WU J, MA Z Z, LIU Z Y, et al., 2019. A contingent view of institutional environment, firm capability, and innovation performance of emerging multinational enterprises [J]. Industrial Marketing Management: 230-246.

XIA J W, ZHU Y, 2019. The impact of public R&D subsidies on private R&D expenditure and its innovation performance—an empirical study based on industrial enterprises in guangdong province [J]. Modern Economy, 10 (1): 261-280.

KRIPPNER G R, 2005. The financialization of the American economy [J]. Socio-Economic Review, 3 (2): 173-208.

LAZONICK, WILLIAM, 2010. Innovative business models and varieties of capitalism: financialization of the U.S. corporation [J]. Business History Review, 84 (4): 675-702.

LEE C I, ROSENSTEIN S, RANGAN N, et al., 2006. Board composition and shareholder wealth: the case of management buyouts [J]. Financial Management, 21 (1): 58-72.

MIKE W, ROBERT E H, LOWELL W, 2001. Busenitz et al. Finance and management buyouts: agency versus entrepreneurship perspectives [J]. Venture Capital, 3 (3): 239-261.

PICKERNELL, JONES, BEYNON, 2019. Innovation performance

and the role of clustering at the local enterprise level: a fuzzy-set qualitative comparative analysis approach [J]. Entrepreneurship & Regional Development (31): 1-2.

MORCK R, SHLEIFER A, VISHNY R W, 1988. Management ownership and market valuation: An empirical analysis [J]. Journal of Financial Economics: 293-315.

BROWN R, 2015. Haydock MBO aims to boost regional position [J]. Commercial motor (7): 20.

LIN R H, XIE Z Y, HAO Y H, et al., 2018. Improving high-tech enterprise innovation in big data environment: A combinative view of internal and external governance [J]. International Journal of Information Management, 50: 575-585.

SMITH A J, 2004. Corporate ownership structure and performance: The case of management buyouts [J]. Journal of Financial Economics, 27 (1): 143-164.

STIJN C, ERIK F J, LAEVEN L, 2008. Political connections and preferential access to finance: The role of campaign contributions [J]. Journal of Financial Economics (6): 554-580.

TIMON B H, JAN H, MIRKO M, 2018. Empirical study on innovation motivators and inhibitors of Internet of Things applications for industrial manufacturing enterprises [J]. Journal of Innovation and Entrepreneurship, 7 (1).

WEI L, WANG Y, WU L, et al., 2017. The ethical dimension of management ownership in China [J]. Journal of Business Ethics, 141 (2): 381-392.

YAN L C, RAU P R, STOURAITIS A, 2006. Tunneling, propping, and expropriation: evidence from connected party transactions in

Hong Kong [J]. Journal of Financial Economics, 82 (2): 343-386.

ZAJAC J E J, 2004. Corporate Elites and Corporate Strategy: How Demographic Preferences and Structural Position Shape the Scope of the Firm [J]. Strategic Management Journal, 25 (6): 507-524.

ZHAO Z Y, MENG Q J, CAI Y, 2018. Research on Measures to Improve the Innovation Performance of R&D Investment in Smart Home Enterprises [J]. Open Journal of Business and Management, 6 (4).

高管背景與企業發展：金融化、創新性與經營績效

作　　者	：黎春 著	
發 行 人	：黃振庭	
出 版 者	：財經錢線文化事業有限公司	
發 行 者	：財經錢線文化事業有限公司	
E-mail	：sonbookservice@gmail.com	
粉 絲 頁	：https://www.facebook.com/sonbookss/	
網　　址	：https://sonbook.net/	
地　　址	：台北市中正區重慶南路一段六十一號八樓 815 室	
	Rm. 815, 8F., No.61, Sec. 1, Chongqing S. Rd., Zhongzheng Dist., Taipei City 100, Taiwan (R.O.C)	
電　　話	：(02)2370-3310	
傳　　真	：(02) 2388-1990	
總 經 銷	：紅螞蟻圖書有限公司	
地　　址	：台北市內湖區舊宗路二段 121 巷 19 號	
電　　話	：02-2795-3656	
傳　　真	：02-2795-4100	
印　　刷	：京峯彩色印刷有限公司（京峰數位）	

國家圖書館出版品預行編目資料

高管背景與企業發展：金融化、創新性與經營績效 / 黎春著 .-- 第一版 .-- 臺北市：財經錢線文化，2020.09
　面；　公分
POD 版
ISBN 978-957-680-466-3(平裝)
1. 企業管理 2. 企業經營 3. 高階管理者
494　　　109011874

官網

臉書

- 版權聲明 -

本書版權為西南財經大學出版社所有授權崧博出版事業有限公司獨家發行電子書及繁體書繁體字版。若有其他相關權利及授權需求請與本公司聯繫。

定　　價：360 元
發行日期：2020 年 9 月第一版
◎本書以 POD 印製